GE 智能平台自动化系统实战丛书

GE 智能平台自动化系统实训教程——VersaMax 篇

刘艺柱 著

内 容 摘 要

本书以 GE 智能平台大学计划提供的 VersaMax 产品为例，全面讲述了 VersaMax 产品的组态过程及其应用。全书共分 8 个项目，内容包括：VersaMax 产品概述、基于 VersaMax PLC 的水温控制系统设计、基于 PROFINET 总线的人数控制系统设计、基于 EGD 协议的控制系统设计、基于 EtherNet 总线的交通灯控制系统设计、基于 PROFIBUS 总线的广告灯控制系统设计、基于 DeviceNet 总线的工作台往返控制系统设计和基于 Micro PLC 的小车运行控制系统设计。书中重点讲解组态过程和操作步骤并配以图片，做到图文并茂，实用性强，便于读者阅读学习。

本书可作为高等院校电气工程、机电工程、自动化相关专业教学用书，也可以作为工程技术人员的培训和自学用书。

图书在版编目(CIP)数据

GE 智能平台自动化系统实训教程. VersaMax 篇/刘艺柱著. —天津：天津大学出版社，2014. 7

(GE 智能平台自动化系统实战丛书)

ISBN 978-7-5618-5111-1

Ⅰ. ①G… Ⅱ. ①刘… Ⅲ. ①自动化系统－教材 Ⅳ. ①TP27

中国版本图书馆 CIP 数据核字(2014)第 157727 号

出版发行 天津大学出版社
出 版 人 杨欢
地　　址 天津市卫津路 92 号天津大学内(邮编：300072)
电　　话 发行部：022-27403647
网　　址 publish. tju. edu. cn
印　　刷 天津泰宇印务有限公司
经　　销 全国各地新华书店
开　　本 185mm × 260mm
印　　张 7
字　　数 175 千
版　　次 2014 年 8 月第 1 版
印　　次 2014 年 8 月第 1 次
定　　价 19. 80 元

前　言

1. **编写背景**

GE 智能平台大学计划在中国推广已跨过了 8 个年头,校企合作共建了近百所实验室,未来还会有更多的高校加入到这个计划中。GE 智能平台的自动化系统在工业控制领域得到了越来越广泛的应用,但与 GE 智能平台自动化技术相关的公开出版的教材较少,参考资料主要是英文版技术手册,在学习中不实用且有局限性。在使用中进行参数设置时亦由于资料匮乏增加了学习难度,限制了技术的推广和应用。众多自动化行业的工程技术人员和广大师生渴望得到一本实用的培训教程。

2. **编写目的**

本书编写的目的是推广 GE 智能平台的先进控制技术和理念,便于高校相关专业教学,提高师生的研究及应用水平;也想抛砖引玉,与广大教育界同人共同推动自动化事业不断发展。

3. **编写特点**

本书以 GE 智能平台 VersaMax 产品在工程实践中的应用为例,选择了 8 个项目对 VersaMax PLC 模块、VersaMax 远程 I/O 模块和 VersaMax Micro PLC 模块进行了循序渐进的工作导向描述。本书遵循“操作性、实用性”原则,既可以作为高校教材,也可以作为工具书。

4. **基本内容**

本书由 8 个项目组成:VersaMax 产品概述、基于 VersaMax PLC 的水温控制系统设计、基于 PROFINET 总线的人数控制系统设计、基于 EGD 协议的控制系统设计、基于 EtherNet 总线的交通灯控制系统设计、基于 PROFIBUS 总线的广告灯控制系统设计、基于 DeviceNet 总线的工作台往返控制系统设计、基于 Micro PLC 的小车运行控制系统设计。本书描述的操作过程和参数设置均经过了实践验证,便于读者在应用中借鉴。

本书由天津中德职业技术学院刘艺柱著。通用电气智能设备(上海)有限公司、南京南戈特智能技术有限公司、天津大学出版社和河南工业职业技术学院等单位对本书的出版给予了大力支持,在此表示衷心的感谢!

本书参考了 GE 智能平台 VersaMax 方面的产品手册,并引用了部分材料,在此谨向 GE 智能平台的工程师们致以诚挚的谢意!

李姜雷同学为本书的成稿做了大量艰苦而细致的工作,在此表示感谢!

由于作者水平有限，书中存在疏漏和错误之处在所难免，敬请广大读者批评、指正。作者邮箱：luoyangpeony@ sina. com。

刘艺柱

2014 年 6 月

天津海河教育园

目　　录

项目 1　VersaMax 产品概述

VersaMax 是 GE 公司推出的新一代控制器,它不仅设计新颖、结构紧凑、通用性强、配置灵活、经济实用,而且为自动化控制系统提供了功能强大的系列产品。VersaMax 具有“三合一”功能,它既可以作为单独的、具有较高性价比的 PLC 使用,又可以作为 I/O 子站,通过现场总线受控于其他主控设备(如 PACSystems™ RX3i 以及第三方 PLC、DCS 或计算机系统等),还可以构成由多台 PLC 组成的分布式大型控制系统。VersaMax 产品为模块化、可扩展结构,构成的系统可大可小,为现代开放式控制系统提供了一套通用的、便于实施的、经济的解决方案。

1.1　产品组成

VersaMax 产品主要由 6 个基本单元组成,如图 1-1 所示。

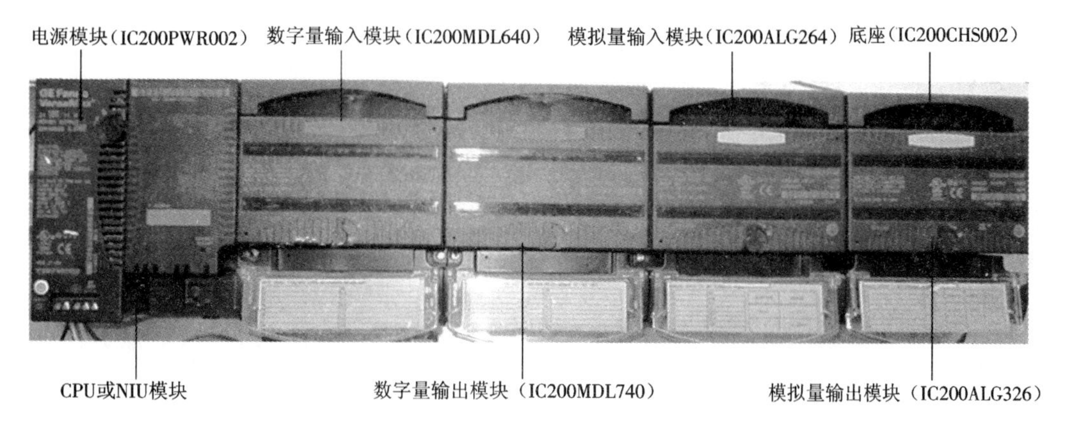

图 1-1　VersaMax 产品组成图

1. CPU 模块

CPU 执行用户程序,直接控制本地 I/O 模块或通过现场总线控制分布 I/O 模块,还可以与其他 PLC 通信。

2. NIU 模块(Network Interface Unit,网络接口单元)

NIU 提供从站通信协议,将 I/O 模块通过现场总线与主机连接起来,主机可以是 PLC,也可以是 PC 机或 DCS 系统。

3. I/O 模块

VersaMax 产品提供了多种类型的 I/O 模块,除了常规的开关量、模拟量模块外,还有热电阻(RTD)、热电偶(TC)和高速计数器(HSC)等特殊模块,以满足用户的广泛需求。

4. 模块底座

模块底座支持所有类型的 VersaMax I/O 模块的安装、背板总线通信和现场接线端子。I/O 模块装卸时无须变动现场接线。

5. 通信模块

通信模块提供 VersaMax 产品与其他设备之间的通信。

6. 电源模块

电源模块通过背板总线向模块供电。

1.2 CPU 模块

VersaMax CPU 模块的基本特性如下。

(1)支持梯形图、顺序功能图和指令语句等多种方式编程。

(2)支持高速计数器(HSC)、脉宽调制输出(PWM)、脉冲串输出。

(3)支持浮点数运算、PID 功能、子程序、实时时钟日期。

(4)无冲击运行状态储存程序。

(5)非易失性 flash 内存储存程序。

(6)4 个等级密码程序保护,OEM 密码设置,子程序加密。

(7)强大诊断功能,通过内置的 PLC 和 I/O 两个故障表清晰地指出出现故障的时间、部位和内容。

(8)带有运行/停止操作开关,通过 LED 灯直观地显示运行、故障、强制、通信状态。

(9)内置 RS-232 和 RS-485 通信口,每个端口都支持 SNP、Modbus RTU 和 I/O 协议,其中 I/O 协议能进行 ASCII 读/写、Modem 自动拨号等。

1.3 NIU 模块

NIU 模块为 VersaMax 产品提供了更多的灵活性。部分 NIU 模块的型号见表 1-1。

表 1-1 NIU 模块型号

总线协议	模块型号
PROFIBUS-DP	IC200PBI001
DeviceNet	IC200DBI001
EtherNet	IC200EBI001
PROFINET	IC200PNS001

1.4 I/O 模块

I/O 模块和 VersaMax CPU 模块或 NIU 模块一同使用,可以安装在各种类型的 VersaMax 模块底座上,支持带电热插拔。

1.4.1 数字量 I/O 模块

数字量 I/O 模块分为输入、输出和混合 3 种模块。输入模块作为 PLC 输入接口,接收各种开关量信号,如按钮开关等;输出模块作为 PLC 输出接口,控制指示灯、中间继电器等设备动作;混合模块既有输入又有输出,方便现场使用。每个输入、输出通道均有 LED 指示灯显示 ON/OFF 状态。数字量输入模块(型号 IC200MDL640)端子接线如图 1-2 所示,特性见表 1-2。

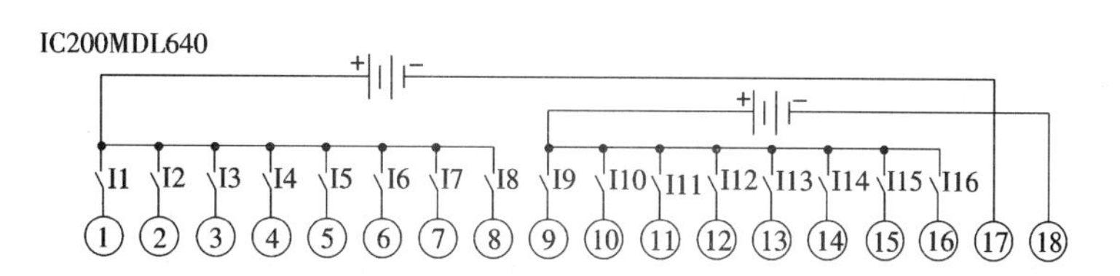

图 1-2 IC200MDL640 模块端子接线图

表 1-2 IC200MDL640 模块特性

型号		IC200MDL640
说明		DC 24 V 正逻辑
点数		16
每组点数		8 点(共 2 组)
输入电压/V	ON	15 ~ 30
	OFF	0 ~ 5
输入电流/mA	ON	2 ~ 5.5
	OFF	0 ~ 0.5
响应时间/ms	ON	≤0.25
	OFF	
输入阻抗/kΩ		10

数字量输出模块(型号 IC200MDL740)端子接线如图 1-3 所示,特性见表 1-3。

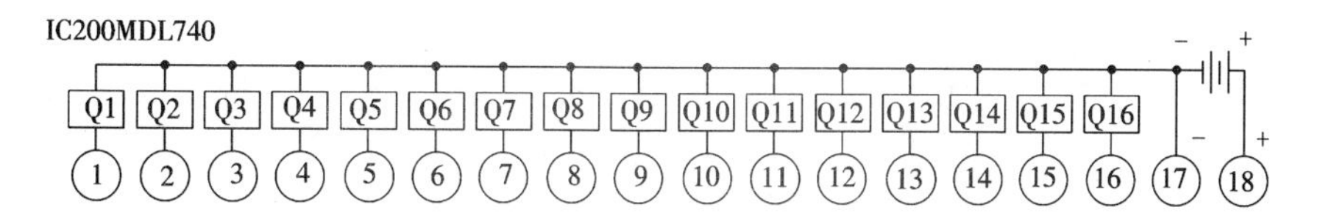

图 1-3 IC200MDL740 模块端子接线图

表 1-3 IC200MDL740 模块特性

型号	IC200MDL740
说明	DC 12/24 V 正逻辑
点数	16
每组点数	16 点(共 1 组)
输出电压(直流)/V	DC 10.2 ~ 30 V

续表

每点负载电流/A		0.5
响应时间/ms	ON	≤0.2
	OFF	≤1.0

1.4.2 模拟量 I/O 模块

模拟量 I/O 模块适用于各种过程控制，如流量、压力和温度等，也分为输入、输出和混合 3 种模块。输入模块接收电流和电压输入信号，也可处理热电阻和热电偶信号；输出模块输出电压或电流信号；混合模块既有输入又有输出，方便现场应用。

模拟量输入模块(型号为 IC200ALG264)端子接线如图 1-4 所示，特性见表 1-4。

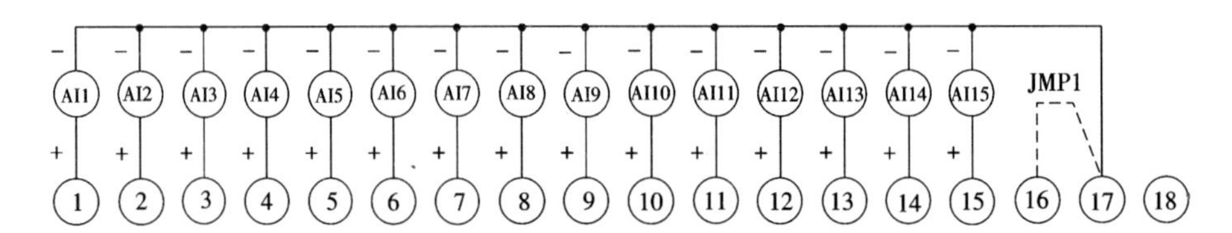

图 1-4　IC200ALG264 模块端子接线图

表 1-4　IC200ALG264 模块特性

型号	IC200ALG264
说明	电流输入模块
通道数	15 路(共 1 组)，单端
分辨率	15 位
输入电流范围/mA	4～20、0～20
刷新速率/ms	7.5
外部电源	—

模拟量输出模块(型号为 IC200ALG326)端子接线如图 1-5 所示，特性见表 1-5。

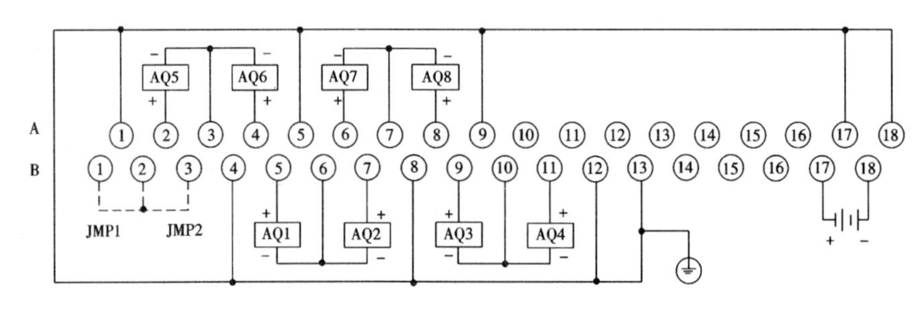

图 1-5　IC200ALG326 模块端子接线图

表 1-5 IC200ALG326 模块特性

型号	IC200ALG326
说明	电流输出模块
通道数	8 路(共 1 组)
分辨率	13 位
输出电流范围/mA	4～20、0～20
负载/Ω	800
更新速率/ms	15
通道之间串扰抑制/dB	≥70
外部电源(直流)	24 V /185 mA

1.5 电源模块

电源模块直接安装在 CPU 模块或 NIU 模块上,为系统提供电源。电源模块特性见表1-6。

表 1-6 电源模块特性

模块型号	IC200PWR001; IC200PWR002	IC200PWR101; IC200PWR102
输入电压	DC 24 V 额定(DC 18～30 V)	AC 120 V 额定(AC 85～132 V); AC 240 V 额定(AC 176～264 V)
输入功率/W	11	27
保持时间/ms	10	20
输出电压(直流)/V	5;3.3	5;3.3
保护特性	短路、过载、极性反	短路、过载
输出电流/A	0.25; 1.0	0.25; 1.0

电源模块实际使用时需要计算总负荷,当一个电源模块不能满足系统功耗要求时可增加辅助电源模块,辅助电源模块必须安装在辅助电源底座上,无论主电源模块,还是辅助电源模块,它只向安装在其右边的 I/O 模块供电,直至下一个电源模块为止。

1.6 模块底座

模块底座用于 I/O 模块装配、模块与模块之间通信和模块与现场之间接线等。I/O 模块通过底座可以不影响现场接线,轻松拆装,方便工程维护。盒型模块底座(型号为 IC200CHS002)如图 1-6 所示。

盒型底座最多支持 32 个 I/O 点和 4 个公共点/电源连接点的配线;底座设置监控拨号盘,确保底座上安装模块类型正确。底座监控拨号盘上的键码设置要与安装模块底部的键码匹配,否则无法安装,如图 1-7 所示。模块闭锁孔用于模块与底座之间的安全嵌锁。透明的保护铰链门罩住配线端子，I/O 模块的配线卡片可以叠放并插入此门中，便于维护查阅。

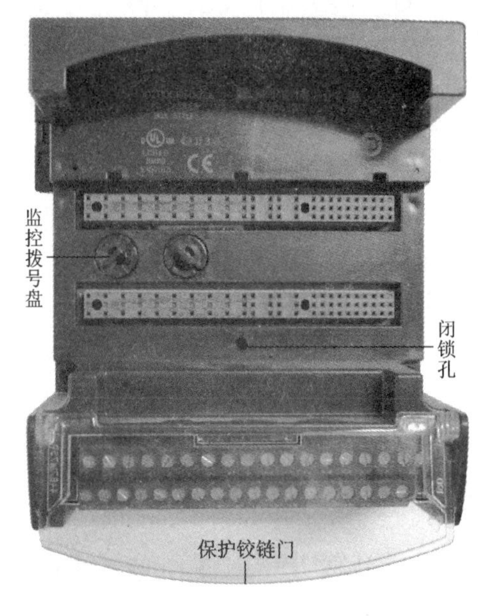

图 1-6　IC200CHS002 底座

图 1-7　安装模块底部的键码

项目2 基于 VersaMax PLC 的水温控制系统设计

2.1 控制原理

水温控制系统以 GE 公司推出的 VersaMax PLC 控制器作为核心控制单元。系统工作时,Pt100 热电阻采集到的温度信号传送到数字显示控制仪,控制仪显示温度数值的同时将温度信号转换成为 4 ~ 20 mA 电流信号传给 PLC,VersaMax PLC 内部处理后选择恒功率加热模式或者变功率加热模式进行水温控制。系统框图如图 2-1 所示。

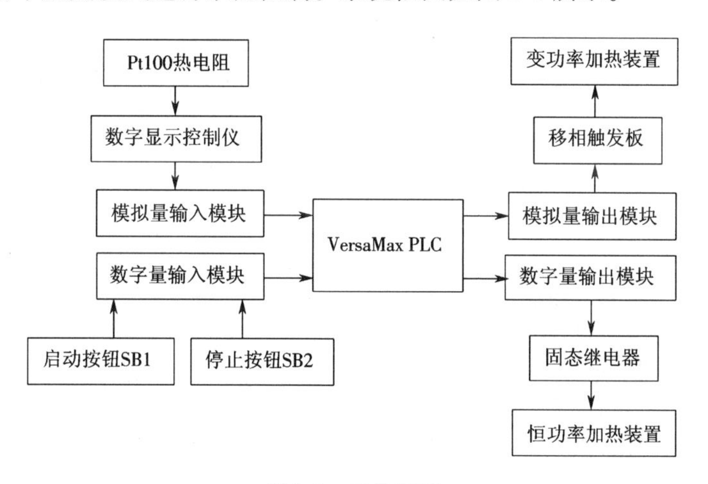

图 2-1 系统框图

系统上电复位后,按下启动按钮 SB1,系统恒功率全速加热;超过最高设定温度时,停止恒功率加热,PLC 引入 PID 算法改用变功率加热装置进行恒温控制;按下停止按钮 SB2,系统恒温控制结束,停止加热。

2.2 硬件设计

2.2.1 VersaMax PLC 概述

1. VersaMax PLC

VersaMax PLC 由 CPU 模块、安装在 CPU 上的电源模块和一组 VersaMax I/O 模块构成,如图 1-1 所示。CPU 模块 IC200CPUE05 外观如图 2-2 所示,特性见表 2-1。IC200CPUE05 配置 128 kB 内存;内置一个以太网接口;端口 RS - 232 和 RS - 485 用于串行通信;最多可支持 64 个模块,2 048 个 I/O 点。工作模式转换开关位于指示灯盖板下面。

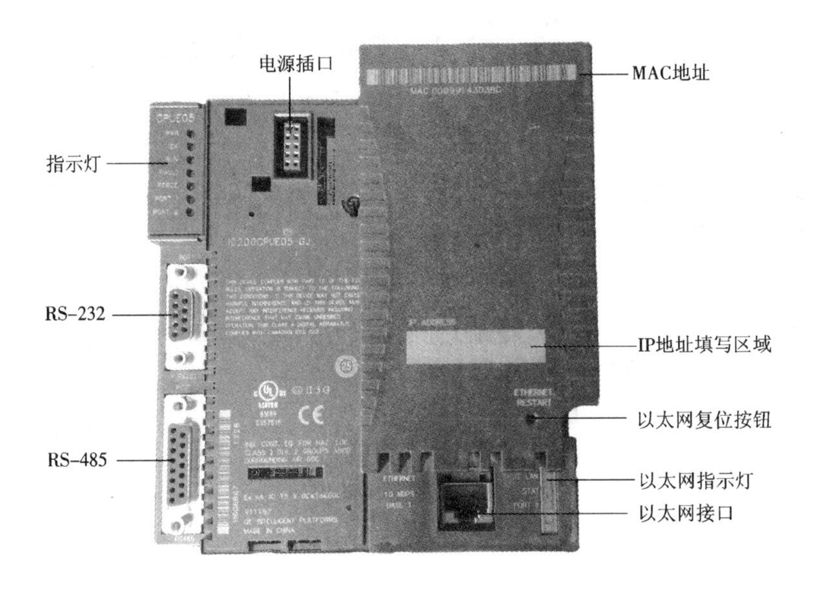

图 2-2 IC200CPUE05 外观图

表 2-1 IC200CPUE05 模块特性

尺寸	4.95 in(126 mm) ×5.04 in(128 mm)
程序存储器	flash
浮点运算	有
实时时钟精度(定时器功能)	100 ppm(0.01%)或 ±9 s/d
内置通信	RS-232,RS-485,以太网接口
可配置内存	128 kB(最大)
以太网接口	
SRTP 服务器连接数量	8
以太网速率	10 Mbit/s
接口	10 BaseT(RJ-45)
EGD 交换数量	32
EGD 可选接收	有
从 PLC 向编程器上传 EGD 配置	有

2. 串行端口

串行端口特性见表 2-2。

表 2-2　串行端口特性

名称	功能说明
端口 1 (RS－232 端口)	9 针 D 型接口(母)。端口 1 允许通过直连电缆连接标准的 AT RS－232 端口,用于 CPU 串行通信(SNP,RTU,Serial I/O)
端口 2 (RS－485 端口)	15 针 D 型接口(母)。下载设备更新程序的端口

3. LED 指示灯

CPU 模块左上角 7 个 LED 指示灯指示电源状态、运行方式、诊断状态及端口通信状态等。LED 指示灯含义见表 2-3。

表 2-3　LED 指示灯含义

名称	功能说明
POWER	5 V 电源正常
OK	模块通过上电自检一切正常
RUN	模块在运行模式时指示灯为绿色,在停止模式或允许 I/O 扫描模式时指示灯为橙色
FAULT	指示灯为绿色,表示 PLC 没有故障;为橙色并且闪烁,表示 PLC 上电自检时检测到致命错误
FORCE	指示灯为橙色表示存在强制位变量
PORT 1 PORT 2	指示灯为绿色闪烁表示该端口正在通信

4. 以太网接口

CPU 模块内置以太网接口,按下以太网复位按钮(按下时间小于 5 s)将复位以太网硬件,中断正在进行的以太网通信。以太网 LED 指示灯指示以太网接口状态和运行情况,见表 2-4。

表 2-4　以太网 LED 指示灯含义

名称	功能说明
LAN	表示以太网网络连接状态和运行情况。指示灯为绿色闪烁表示以太网接口在线,橙色表示以太网接口不在线
STAT	表示以太网接口一般状态。指示灯为绿色表示没有检测到故障,绿色闪烁表示等待配置或等待 IP 地址;橙色表示检测到故障,橙色闪烁表示错误代码
PORT1	表示配置 RS－232 串口为本地站管理器通信口

2.2.2　系统 I/O 接线图

(1)数字量输入、输出模块的外部接线图,如图 2-3 所示。

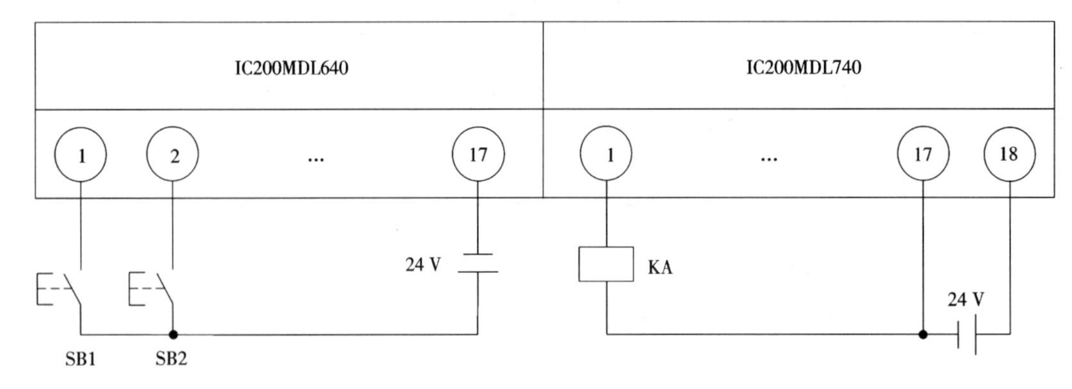

图 2-3　数字量输入、输出模块接线图

(2)模拟量输入、输出模块的外部接线图,如图 2-4 所示。

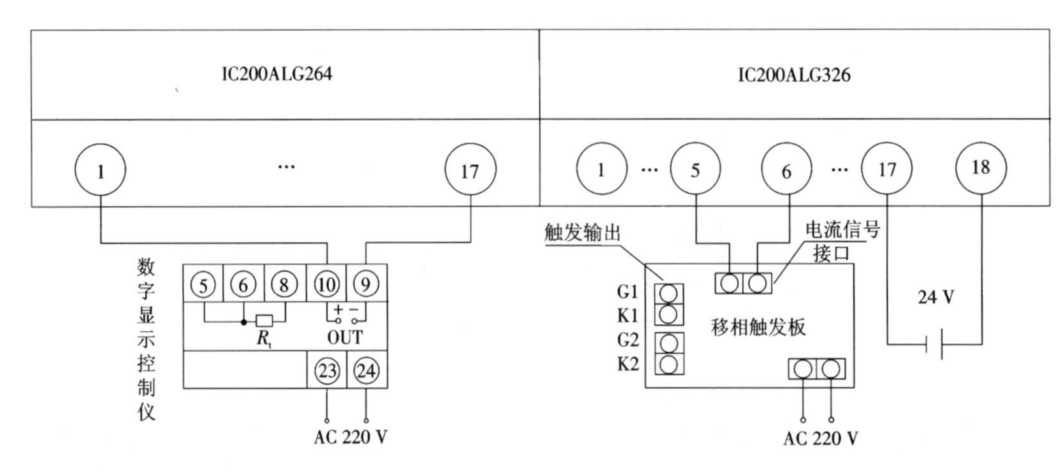

图 2-4　模拟量输入、输出模块接线图

2.2.3　硬件选型

1. 热电阻

热电阻灵敏度高、稳定性强,互换性以及准确性都比较好。工业用热电阻一般采用 Pt100、Pt10、Cu50、Cu100 等。Pt100 外观如图 2-5 所示,特性见表 2-5。

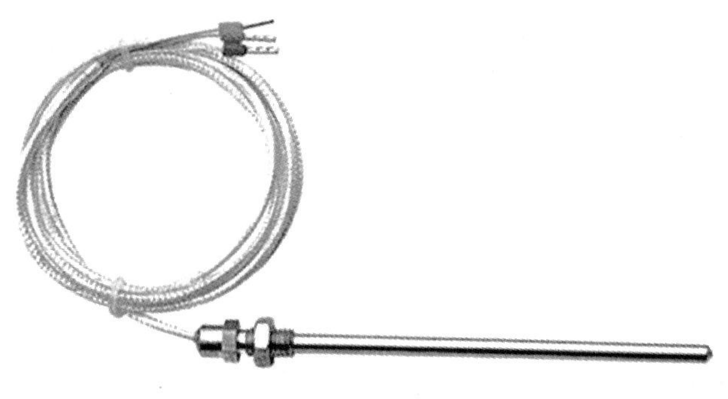

图 2-5　Pt100 外观图

表 2-5　Pt100 特性

名称	参数
分度号	Pt100
引线长度/m	1,1.5,2,3,4,5
安装螺纹/mm	M12
精度误差	±0.5%
管直径/mm	7
管长/mm	200
温度量程/℃	-200～450

2. 数字显示控制仪

数字显示控制仪适用于温度、湿度、压力、液位、瞬时流量、速度等多种物理量检测信号的显示及控制,并能对各种非线性输入信号进行高精度的线性校正。数字显示控制仪与变送器不同的是可以直接在控制仪上读出当前测量值,而且控制仪采用数字滤波技术,能识别、抑制工况系统中测量信号伴随的低频扰动及不规则的干扰源信号,控制仪内部软件具有自动检测故障和报警功能。数字显示控制仪外观、端子接线如图 2-6 所示,特性见表 2-6。

(a)

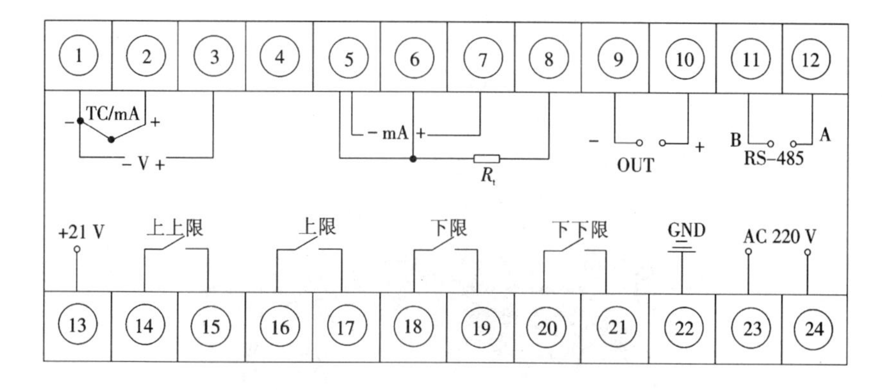

(b)

图 2-6　数字显示控制仪

(a)外观图　(b)端子接线图

表 2-6　数字显示控制仪特性

输入信号	模拟量
热电偶	标准热电偶(B、S、K、E、J、T)
热电阻	标准热电阻(Pt100、Cu50)
电流/mA	0～10、4～20
电压/V	0～5、1～5
输出信号	模拟量、开关量
模拟量输出(直流)/mA	4～20(选配输出)
开关量输出	继电器控制输出 ON/OFF 信号(带回差)
触点容量(阻性负载)	AC 220 V/3 A、DC 24 V/3 A

3. 移相触发板

AT2201 移相触发板采用先进的电子触发技术设计,专用于各类晶闸管(SCR)的相位控制触发。用于 AC 220 V 电量要求平滑调节场合,如调压、调功、调光、调速等;可与仪表、计算机等相连实现精确自动控制,也可用电位器手动调节。其性能可靠、调节精确,是晶闸管应用于工业控制场合的最佳选择。移相触发板接线示意图如图 2-7 所示,外观如图 2-8 所示,其技术参数见表 2-7。

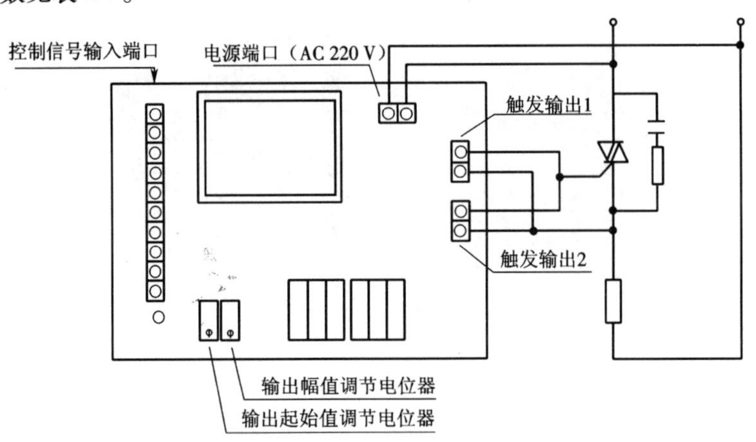

图 2-7　移相触发板接线示意图

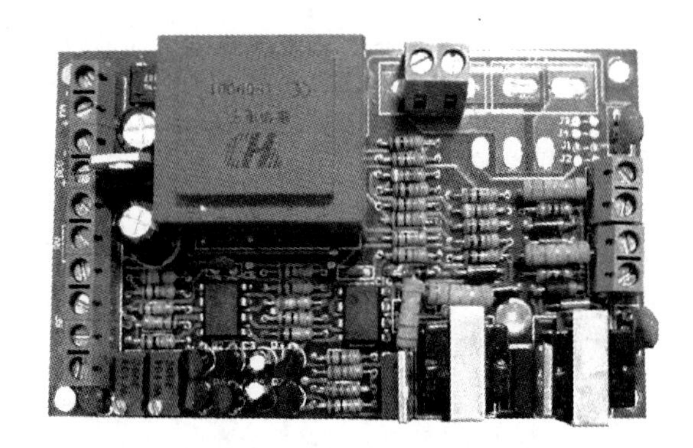

图 2-8　移相触发板外观图

表 2-7　移相触发板技术参数

电源电压(交流)/V	AC 220 V
控制输入	标准电压信号:DC 0～5 V(1～5 V) 标准电流信号:DC 0～10 mA(4～20 mA) 无特别说明为 4～20 mA,5 kΩ 电位器
触发能力	1 000 A 以下晶闸管
触发方式	脉冲列
触发脉冲频率	30 kHz
移相范围	>170°
限幅控制范围	0～100%

2.3　创建工程

(1)单击“开始”→“程序”→“Proficy”→“Proficy Machine Edition”→“Proficy Machine Edition”命令或者双击电脑桌面图标启动软件。软件启动后弹出“Machine Edition”对话框,在对话框中选择“Empty project”选项,如图 2-9 所示。单击“OK”按钮进行工程创建,系统弹出“New Project”对话框。

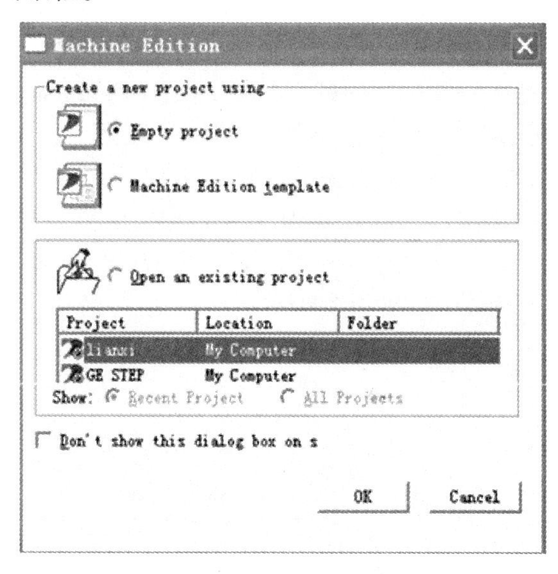

图 2-9　“Machine Edition”对话框

(2)在“New Project”对话框的“Project”栏中输入工程名,工程一般以英文字母、数字以及下画线组合的形式命名,这里以“PLC _ E05”为例,单击“OK”按钮完成命名,如图2-10所示。

(3)系统进入编辑工作界面,右键单击工程名“PLC _ E05”弹出级联菜单,依次单击“Add Target”→“GE Intelligent Platforms Controller”→“VersaMax PLC”命令,添加控制对象“Target1”,如图 2-11 所示。

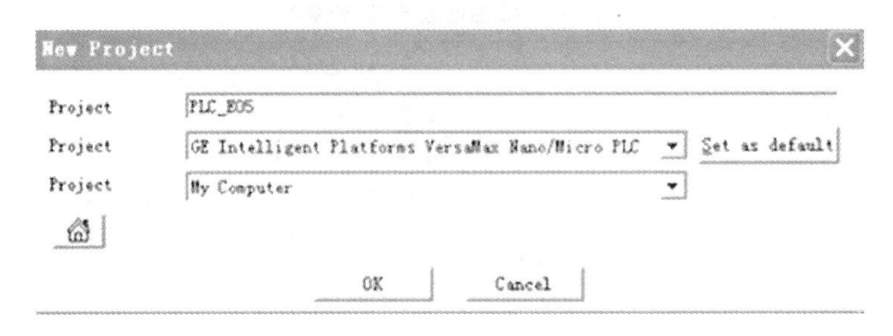

图 2-10 “New Project”对话框

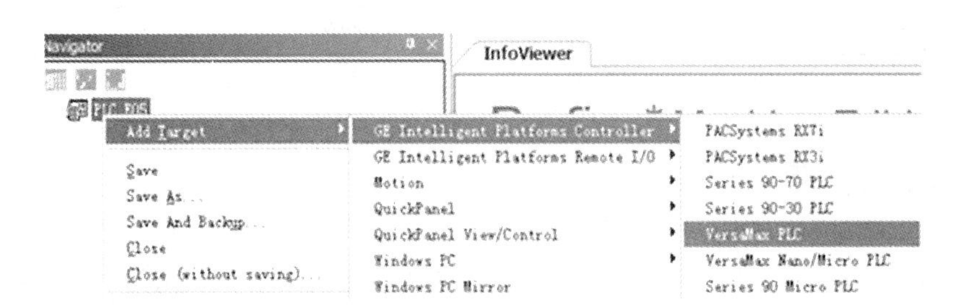

图 2-11 添加控制对象

2.4 硬件组态

(1)在工程目录树控制对象“Target1”目录下,单击“Hardware Configuration”项“Main Rack”子项前面的“+”号,展开硬件配置菜单,如图 2-12 所示。按照机架上模块安装顺序依次进行硬件配置。以图 1-1 为例,模块型号依次是 CPU 模块 IC200CPUE05、电源模块 IC200PWR002、数字量输入模块 IC200MDL640、数字量输出模块 IC200MDL740、模拟量输入模块 IC200ALG264、模拟量输出模块 IC200ALG326。电源模块安装在 CPU 模块上,数字量模块、模拟量模块都安装在底座 IC200CHS002 上。

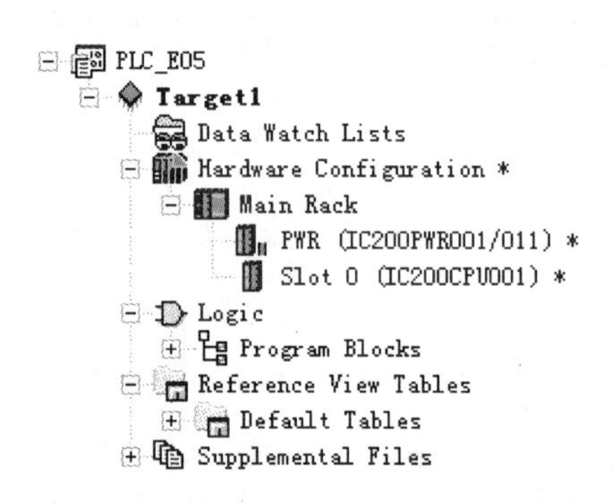

图 2-12 工程目录树“Target1”目录

(2)组态电源模块。右键单击图 2-12 中的“PWR(IC200PWR001/011)”项,在弹出的菜单中单击“Replace Module”命令,如图 2-13 所示。在系统弹出的“Module Catalog”对话框中,选择“IC200PWR002/012”项,单击“OK”按钮返回,如图 2-14 所示。

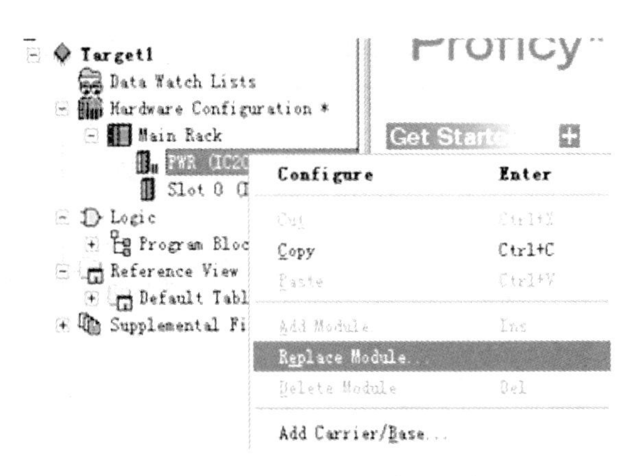

图 2-13　选择“Replace Module”命令

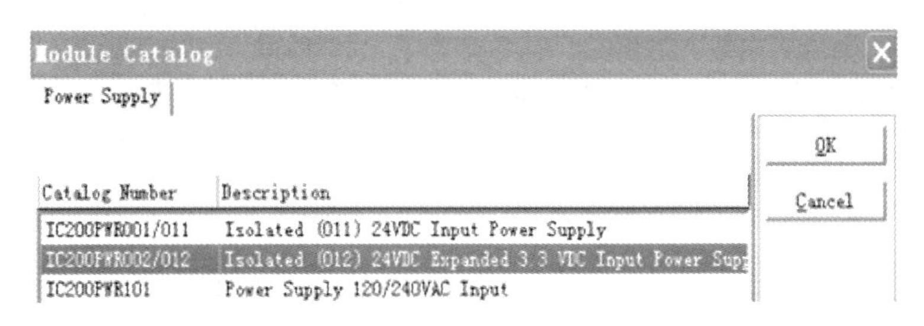

图 2-14　选择“IC200PWR002/012”项

(3)组态 CPU 模块。右键单击图 2-12 中的“Slot 0 (IC200CPU001)”项,在弹出的菜单中单击“Replace Module”命令。在系统弹出的“Module Catalog”对话框中,选择“IC200CPUE05”项,单击“OK”按钮返回,如图 2-15 所示。双击“Slot 0 (IC200CPUE05)”选项,打开模块参数信息窗口,如图 2-16 所示。单击参数信息窗口中“Settings”选项卡下的“Passwords”栏,选中“Disabled”项,单击“OK”按钮确定返回,如图 2-16 所示。

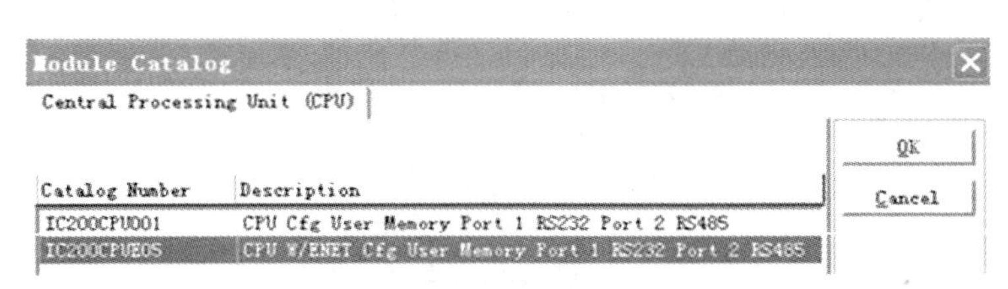

图 2-15　选择“IC200CPUE05”项

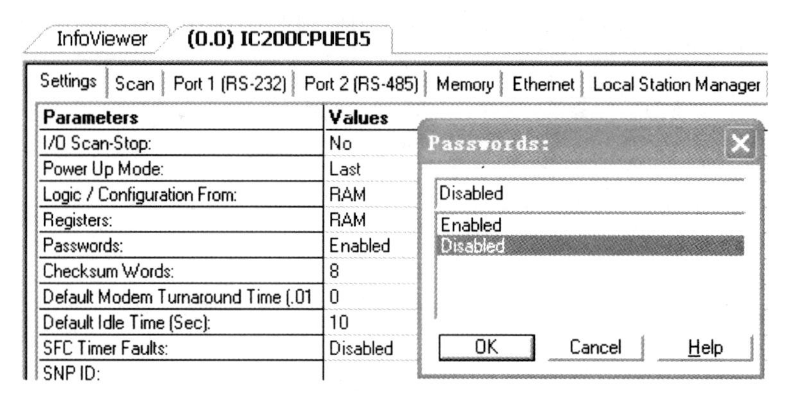

图 2-16　IC200CPUE05 模块信息窗口

(4)组态模块底座。右键单击图 2-12 中的“Main Rack”项,在弹出的菜单中单击“Add Carrier/Base”命令添加模块底座。在系统弹出的“Module Catalog”对话框中,选择“IC200CHS002”项,单击“OK”按钮返回,如图 2-17 所示。

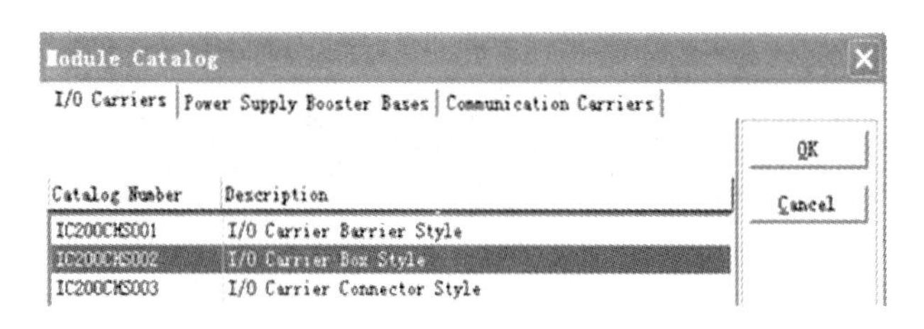

图 2-17　选择“IC200CHS002”项

(5)组态 I/O 模块。底座添加完成后,“Main Rack”项下增加了“Slot 1( )”子项,如图 2-18 所示。右键单击“Slot 1( )”子项,在弹出的菜单中选择“Add Module”命令添加 I/O 模块。在系统弹出的“Module Catalog”对话框中单击“Discrete Input”选项卡,选择“IC200MDL640”项,单击“OK”按钮返回,如图 2-19 所示。

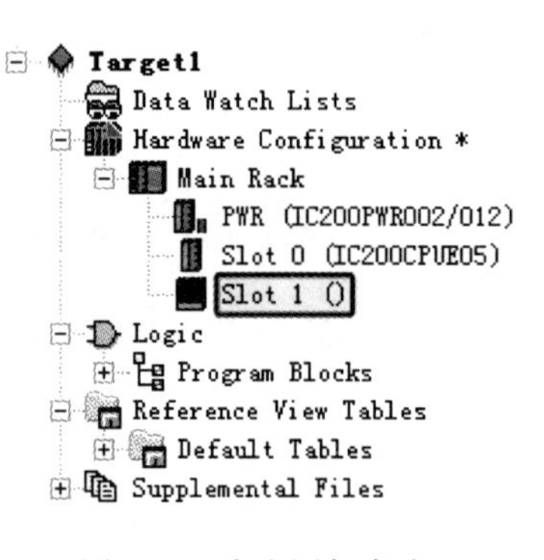

图 2-18　底座添加完成

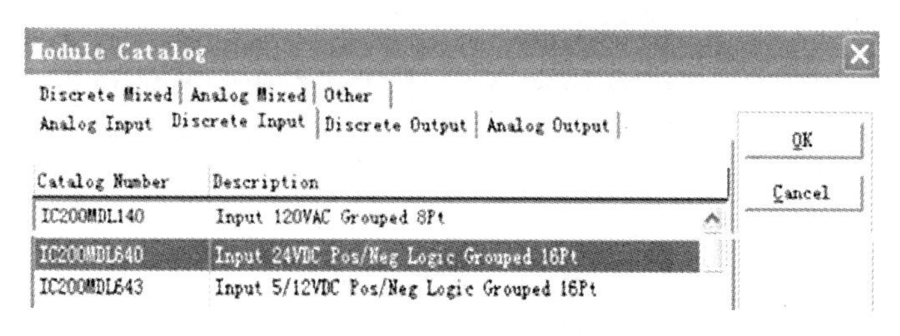

图 2-19　选择“IC200MDL640”项

(6)重复上述步骤(4)、(5)依次添加数字量输出模块(IC200MDL740)、模拟量输入模块(IC200ALG264)、模拟量输出模块(IC200ALG326)。硬件组态配置完成后如图 2-20 所示。

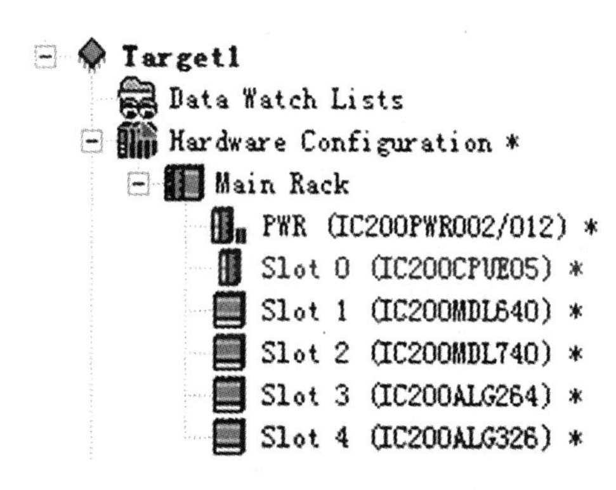

图 2-20　完成硬件组态

2.5　IP 地址设置

运行 PME 软件的 PC 机与 VersaMax PLC 之间通过以太网进行通信。PC 机通过网线与 VersaMax PLC 连接,上电后 IC200CPUE05 网线接口上的“LINK”指示灯绿色闪烁表示电路接通。IP 地址分配见表 2-8。

表 2-8　IP 地址分配一览表

设备名称	IP 地址
PC 机	192. 168. 1. 3
VersaMax PLC	192. 168. 1. 12

2.5.1　VersaMax PLC 的 IP 地址设置

(1)双击图 2-20 中的“Slot 0(IC200CPUE05)”选项打开模块参数信息窗口,在信息窗口中单击“Ethernet”选项卡,修改“IP Address”项(如“192. 168. 1. 12”),修改完成后关闭窗口退出,如图 2-21 所示。

InfoViewer | (0.0) IC200CPUE05

Settings | Scan | Port 1 (RS-232) | Port 2 (RS-485) | Memory | Ethernet | Local Station Manager | Power Consumption

Parameters	Values
Configuration Mode:	TCP/IP
IP Address:	192.168.1.12
Subnet Mask:	0.0.0.0

图 2-21　设置 IP 地址

（2）IC200CPUE05 模块 IP 地址的下载需通过串口进行。IP 地址下载成功后，IC200CPUE05 模块才可以通过以太网进行通信。右键单击工程目录树下控制对象“Target1”项，在弹出的菜单中单击“Properties”命令，打开“Inspector”对话框。在该对话框的“Physical Port”项下拉列表中选择通信端口，如选择“COM3”，如图2-23所示。单击工具栏上图标下载配置信息。

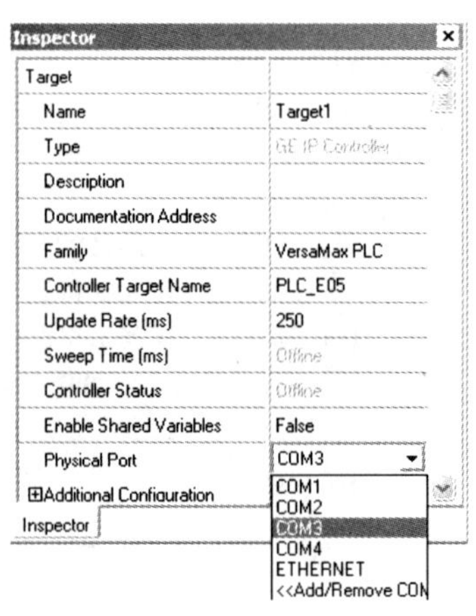

图 2-23　物理端口设置

（3）下载完成后，右键单击工程目录树下控制对象“Target1”项，在弹出的菜单中单击“Properties”命令，打开“Inspector”对话框。在“Inspector”对话框中，进行“Physical Port”和“IP Address”项设置（如“Physical Port”项设为“ETHERNET”，“IP Address”项设为“192. 168. 1. 12”），如图 2-24 所示。设置完成后关闭对话框退出。

图 2-24　“Inspector”对话框

(4)通过“Ping”指令检查 IP 地址设置。最小化 PME 软件回到 Windows 桌面,单击“开始”→“运行”命令,在弹出的“运行”对话框中输入“cmd”命令,单击“确定”按钮,如图 2-25 所示。

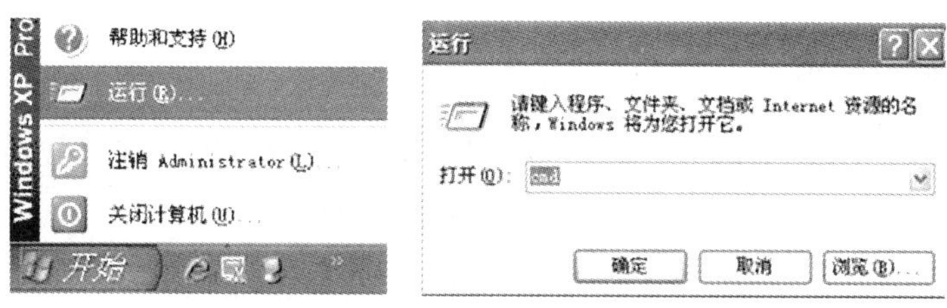

图 2-25　输入 cmd 命令

(5)在 DOS 窗口中,输入“ping”指令(如“ping 192. 168. 1. 12”),按“Enter”键确认。通过运行结果判断 IP 地址设置情况,如图 2-26 所示。

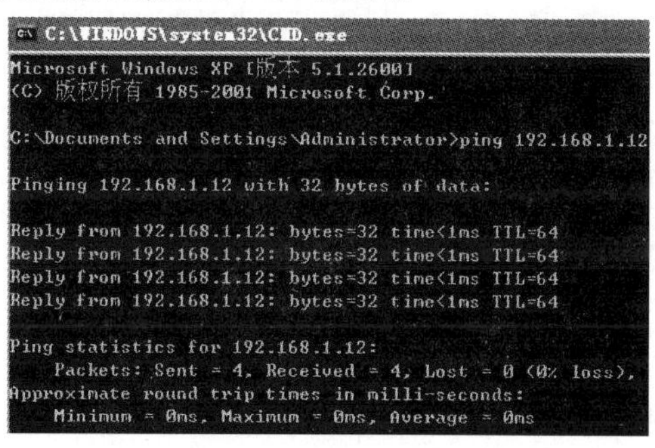

图 2-26　DOS 窗口

2.5.2　PC 机的 IP 地址设置

在 Windows 系统“Internet 协议(TCP/IP)属性”对话框中设置 PC 机的 IP 地址(如“192. 168. 1. 3”),单击“确定”按钮完成设置,如图 2-27 所示。

Internet 协议 (TCP/IP) 属性
常规
如果网络支持此功能,则可以获取自动指派的 IP 设置。否则,您需要从网络系统管理员处获得适当的 IP 设置。
自动获得 IP 地址(O)
使用下面的 IP 地址(S):
IP 地址(I): 192 . 168 . 1 . 3
子网掩码(U): 255 . 255 . 255 . 0
默认网关(D):
自动获得 DNS 服务器地址(B)
使用下面的 DNS 服务器地址(E):
首选 DNS 服务器(P):
备用 DNS 服务器(A):
高级(V)...
确定　取消

图 2-27　“Internet 协议(TCP/IP)属性”对话框

2.6 I/O 地址分配

2.6.1 模块地址分配

（1）在硬件配置项（图 2-20）中双击“Slot 1（IC200MDL640）”项查看数字量输入模块的地址，数字量输入模块起始地址为“%I00081”，如图 2-28 所示。

InfoViewer　(0.1) IC200MDL640

Settings | Module Parameters | Input Parameters | Wiring | Power Consumption

Parameters	Values
Reference Address:	%I00081
Length:	16

图 2-28　数字量输入模块起始地址

（2）在硬件配置项（图 2-20）中双击“Slot 2（IC200MDL740）”项查看数字量输出模块的地址，数字量输出模块起始地址为“%Q00001”，如图 2-29 所示。

InfoViewer　(0.2) IC200MDL740

Settings | Module Parameters | Output Parameters | Wiring | Power Consumption

Parameters	Values
Reference Address:	%Q00001
Length:	16

图 2-29　数字量输出模块起始地址

（3）在硬件配置项（图 2-20）中双击“Slot 3（IC200ALG264）”项查看模拟量输入模块的地址，模拟量输入模块起始地址为“%AI0001”，如图 2-30 所示。

InfoViewer　(0.3) IC200ALG264

Settings | Module Parameters | Input Parameters | Wiring | Power Consumption

Parameters	Values
Reference Address:	%AI0001
Length:	15

图 2-30　模拟量输入模块起始地址

（4）在硬件配置项（图 2-20）中双击“Slot 4（IC200ALG326）”项查看模拟量输出模块的地址，模拟量输出起始地址为“%AQ0001”，如图 2-31 所示。

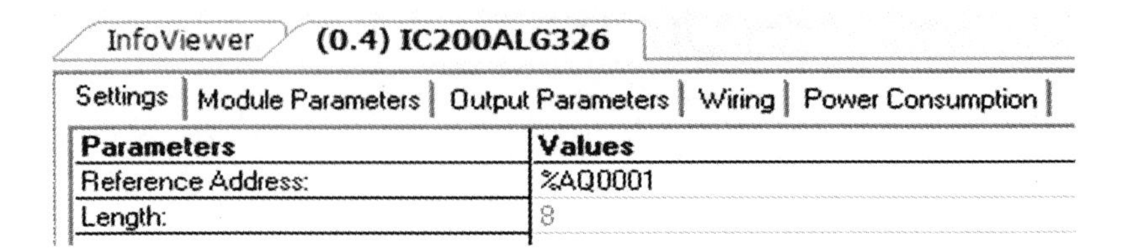

图 2-31　模拟量输出模块起始地址

2.6.2　输入、输出信号地址分配

根据 I/O 模块外部接线图(图 2-3 和图 2-4),项目 I/O 地址分配见表 2-9。

表 2-9　I/O 地址分配

输入			输出		
I/O 名称	I/O 地址	功能说明	I/O 名称	I/O 地址	功能说明
I81	%I00081	启动按钮 SB1	Q1	%Q00001	恒功率加热控制
I82	%I00082	停止按钮 SB2	AQ1	%AQ0001	变功率加热控制
AI1	%AI0001	温度采集			

2.7　程序编写

(1)水温控制系统的具体编程思想在此不详述。着重介绍如何在 PME 软件中录入梯形图程序。在工程目录树中依次单击“PLC _ E05”→“Target1”→“Logic”→“Program Blocks”→“_ MAIN”命令,如图 2-32 所示,打开梯形图编辑界面。

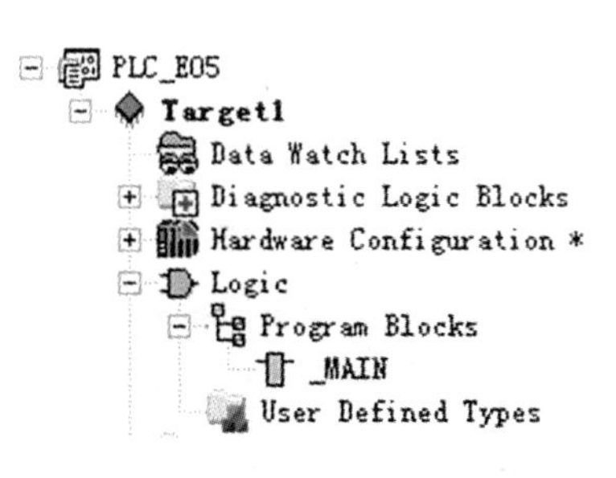

图 2-32　工程目录树

(2)使用梯形图工具栏,单击指令图标并拖到编写区;或者单击工具栏中的 图标,选择指令进行编程,如图 2-33(a)所示。双击编辑区的指令,输入简写“81i”或“%i00081”,按“Enter”键确认,如图 2-33(b)所示。

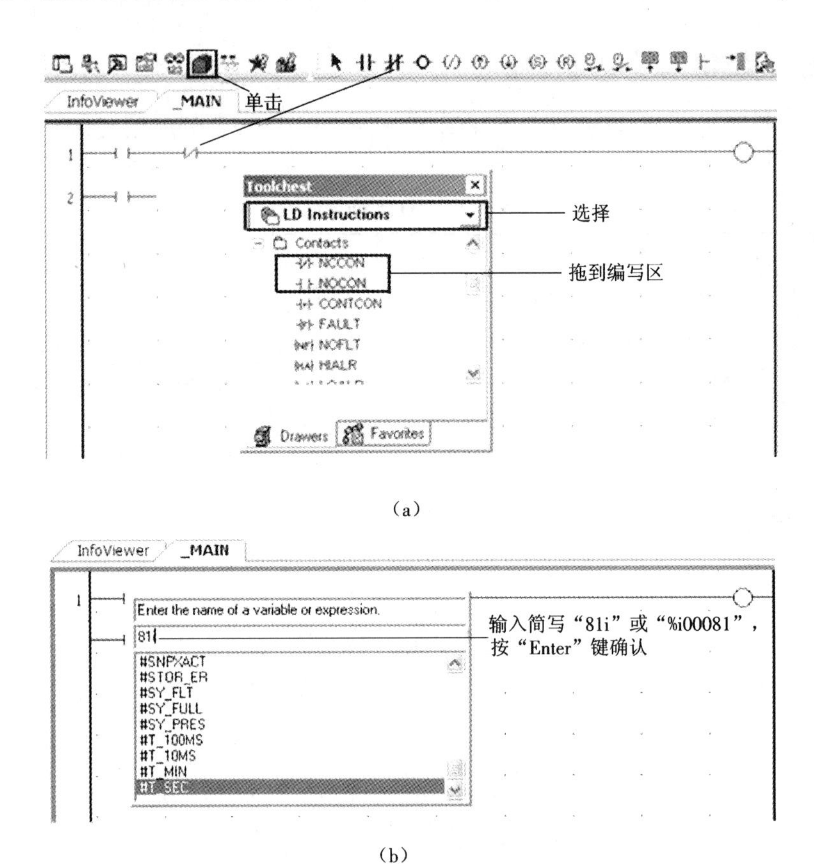

（a）

（b）

图 2-33　梯形图编辑

（a）指令输入　（b）输入地址

（3）水温控制系统的温度显示梯形图程序如图 2-34 所示。

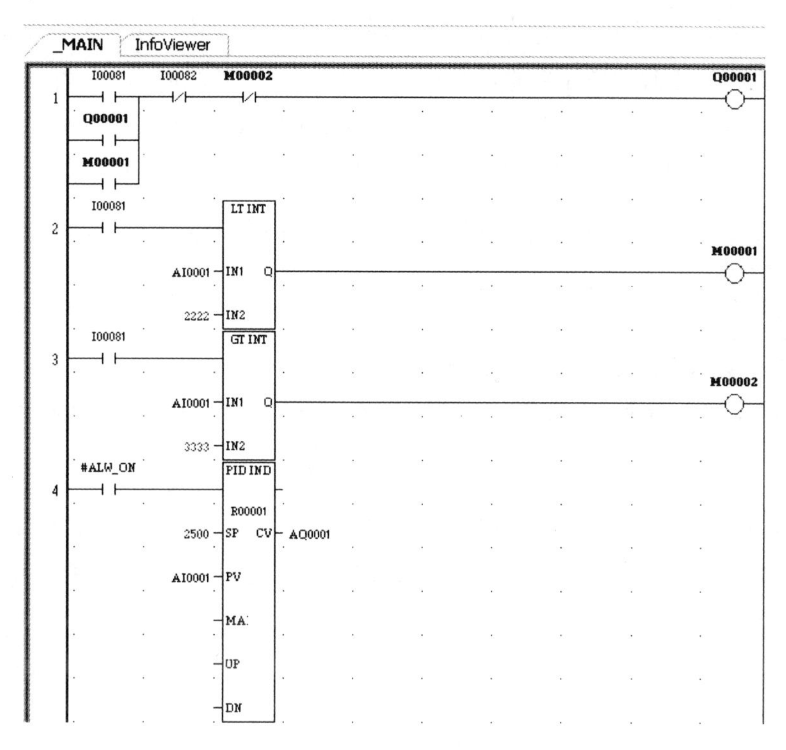

图 2-34　梯形图程序

2.8　下载调试

(1)单击工具栏上的 ✓ 图标进行编译,信息反馈框给出编译信息,如图 2-35 所示。

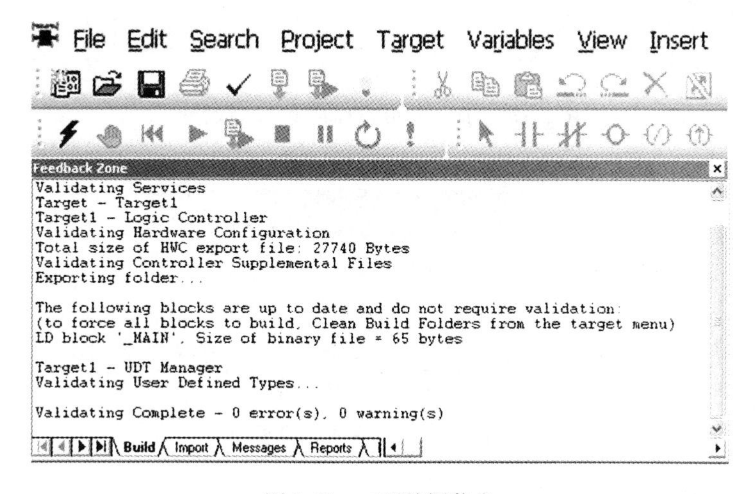

图 2-35　工程编译信息

(2)单击工具栏上的图标,使 PME 软件与 VersaMax PLC 建立通信连接。连接成功后工具栏上图标由灰色变成绿色，信息反馈框给出提示信息。此时系统默认 PME 软件为离线监控模式，离线监控模式只能观察 PLC 运行状态，如图 2-36 所示。单击工具栏上图标，PME 软件切换到在线编程模式，在线编程模式可以修改 PLC 运行数据。PLC 运行期间只允许一台 PC 机对其进行编程，但可以同时接受多台 PC 机对其进行监控。

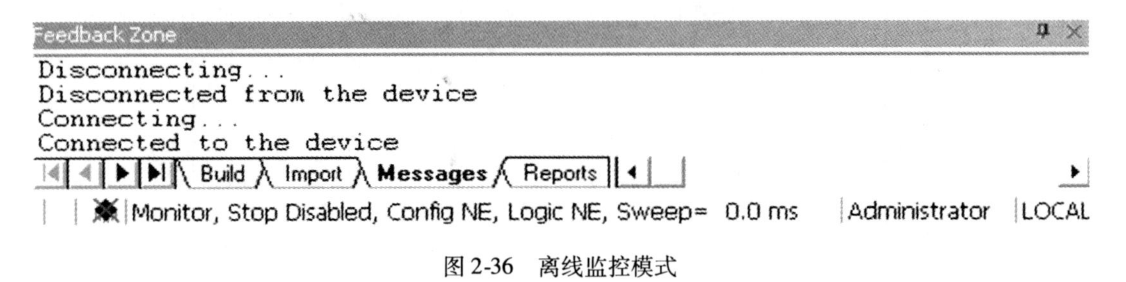

图 2-36　离线监控模式

（3）下载硬件配置信息前应将 CPU 模块上的状态开关拨到“STOP”位或单击工具栏上的停止图标■（推荐使用），使 CPU 处于“STOP”模式。单击工具栏上图标，下载硬件配置信息和程序代码，在弹出的“Download to Controller”对话框中选择需下载的相关信息，单击“OK”按钮，如图 2-37 所示。下载完成后，系统弹出输出使能对话框，选择“Outputs Enable”，单击“OK”按钮，如图 2-38 所示。

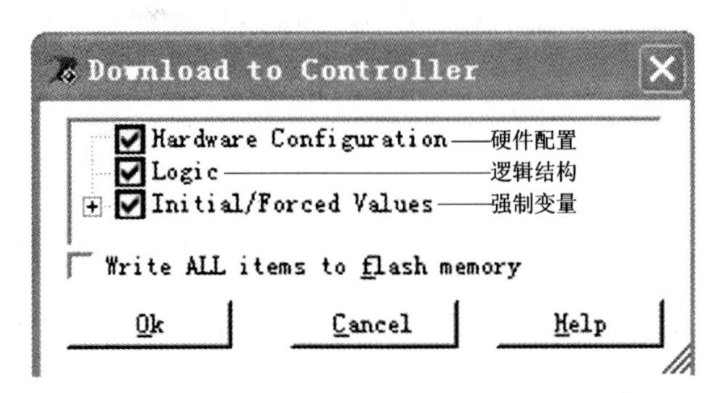

图 2-37　“Download to Controller”对话框

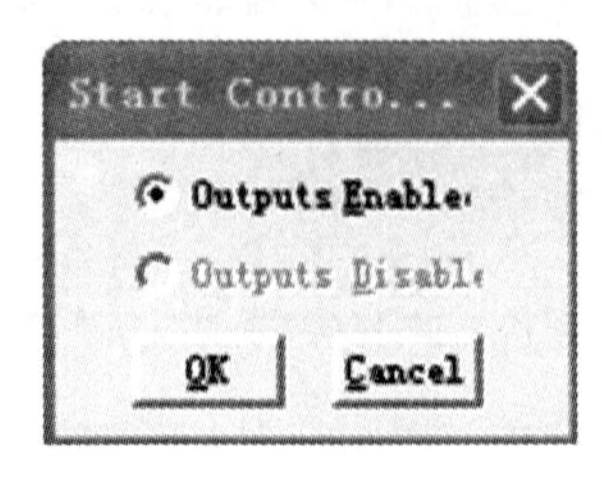

图 2-38　输出使能对话框

（4）按下启动按钮 SB1，观察程序运行状态。

项目3　基于 PROFINET 总线的人数控制系统设计

3.1　控制原理

为保证乘车人员安全有序地乘车，火车站台或地铁站台均要求对进站和出站人数进行统计和监控，并对站台上的人数进行有效控制。为了调试程序方便、易于观察控制结果，假设站台上只能容纳 15 人，超过 15 人要求声光报警。控制系统设计入口传感器和出口传感器各 1 个，编程调试时用两个按钮分别模拟入口传感器和出口传感器的动作；设计声音报警和灯光报警输出各 1 个，调试时蜂鸣器和指示灯分别代表声音报警和灯光报警。控制部分由 PACSystems™ RX3i 系统和基于 PROFINET 总线的 VersaMax 远程 I/O 组成。系统结构框图如图 3-1 所示。

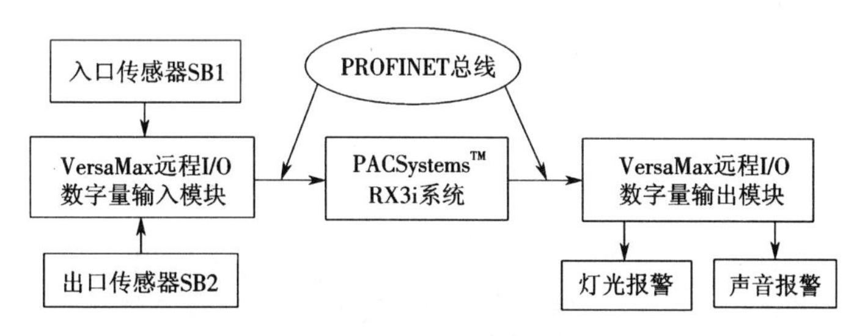

图 3-1　系统结构框图

3.2　硬件设计

3.2.1　系统构成

系统由 PC 机、PAC(PACSystems™ RX3i 系统)、VersaMax 远程 I/O、路由器等组成，如图 3-2 所示。PACSystems™ RX3i 系统是 PACSystems 家族中新增的成员，是中、高端过程和离散控制应用的新一代控制器。

1. IC695PNC001 模块

PROFINET 总线模块 IC695PNC001 安装在 PACSystems™ RX3i 系统背板插槽上，负责与 VersaMax远程 I/O 建立通信、传递数据。模块接线端口如图 3-2 所示。IC695PNC001 模块后面配有散热块，如图 3-3 所示。安装时 PCI 总线背板插槽上方的散热窗口需要捅开，如图 3-4 所示。为了保证散热效果，模块安装时需要用螺丝刀拧紧面板上的锁紧螺丝。

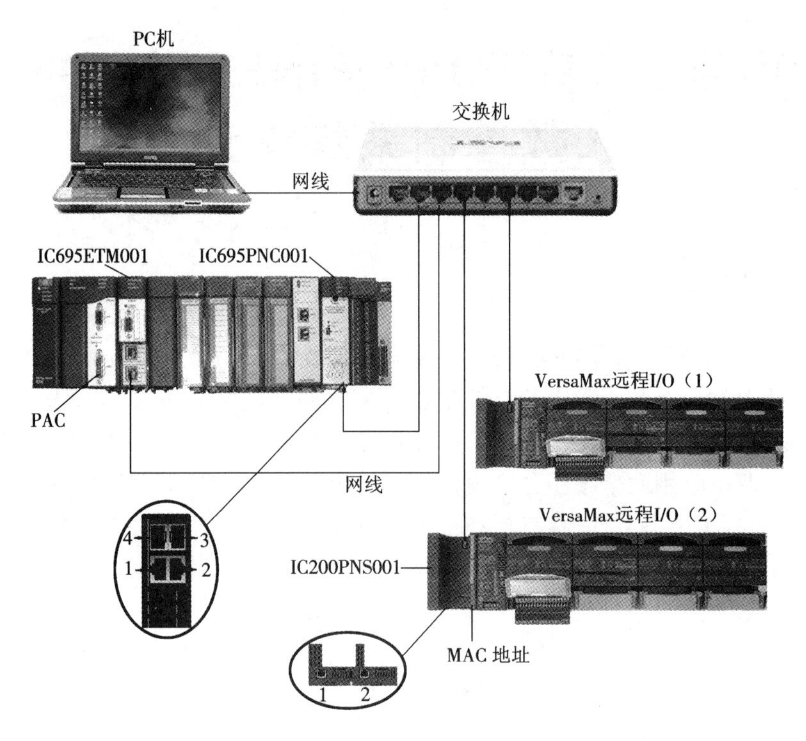

图 3-2　系统构成图

图 3-3　IC695PNC001 模块

2. VersaMax 远程 I/O

VersaMax 远程 I/O 模块如图 3-2 所示。它由 PROFINET NIU、电源模块、I/O 模块、模块底座等组成。从左到右模块依次是 NIU 模块(IC200PNS001)、电源模块(IC200PWR002D)、数字量输入模块(IC200MDL640)、数字量输出模块(IC200MDL740)、模拟量输入模块(IC200ALG264)、模拟量输出模块(IC200ALG326)。电源模块安装在 PROFINET NIU 上,I/O 模块安装在底座(IC200CHS002)上。

IC200PNS001 模块承担 PROFINET NIU 职能,连接 PACSystems™ RX3i 系统与 VersaMax I/O 模块。IC200PNS001 集成有 PROFINET I/O Controller,支持冗余电源、热插拔、自诊断等功能,IC200PNS001 模块的接口如图 3-2 所示。

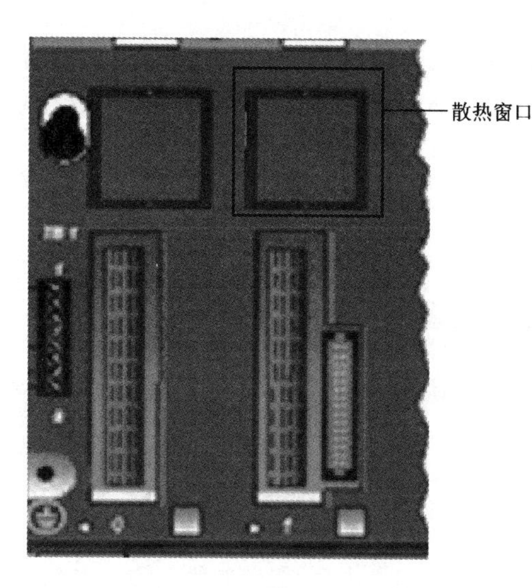

图 3-4　PCI 总线背板

3. 系统连线

PACSystems™ RX3i 系统的通信模块 IC695ETM001 和 IC695PNC001 模块的 1(2)号端口通过并行网线连接;IC695PNC001 模块的 2(1)号端口和 IC200PNS001 模块的任意一个端口通过并行网线连接,如图 3-2 所示。电路接通后,IC695PNC001 模块的"LAN"指示灯和 IC200PNS001 模块的"LAN"指示灯闪烁。

3.2.2　系统 I/O 接线

系统 I/O 接线如图 3-5 所示。

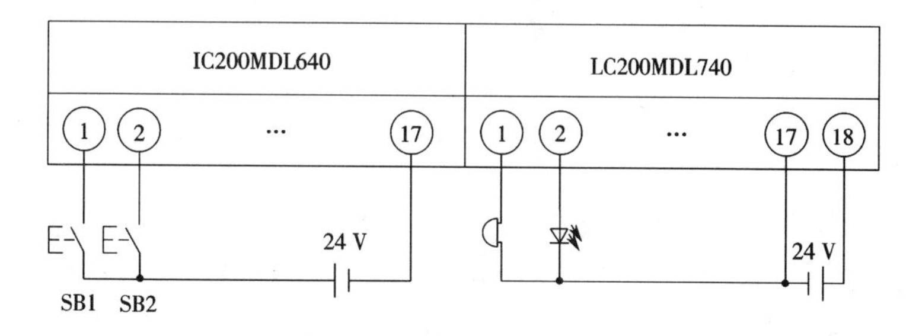

图 3-5　系统 I/O 接线图

3.3　创建工程

(1)工程创建过程详见项目 2,工程名定义为"Profinet",如图 3-6 所示。

(2)添加控制对象。右键单击工程名"Profinet",在弹出的菜单中单击"Add Target"→"GE Intelligent Platforms Controller"→"PACSystems RX3i"命令,如图 3-7 所示。

图 3-6　新工程创建

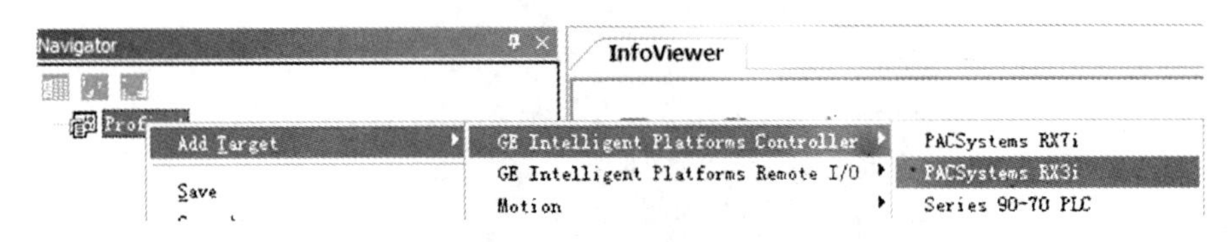

图 3-7　添加控制对象

3.4　硬件组态

（1）展开工程目录树控制对象"Target 1"的"Rack 0"列表，如图 3-8 所示。

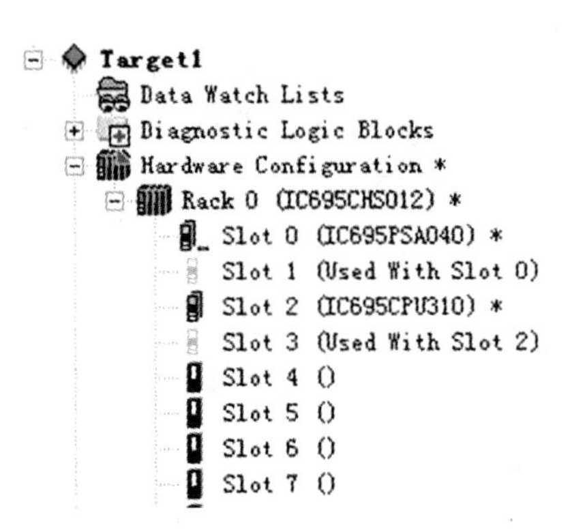

图 3-8　工程目录树"Target 1"目录

（2）组态电源模块。系统默认模块型号为"IC695PSA040"。以组态"IC695PSD040"模块为例介绍组态过程，右键单击图 3-8 中"Slot 0（IC695PSA040）"项，在弹出的菜单中单击"Replace Module"命令打开"Catalog"对话框。在"Catalog"对话框中，选择"IC695PSD040"项，单击"OK"按钮返回，如图 3-9 所示。

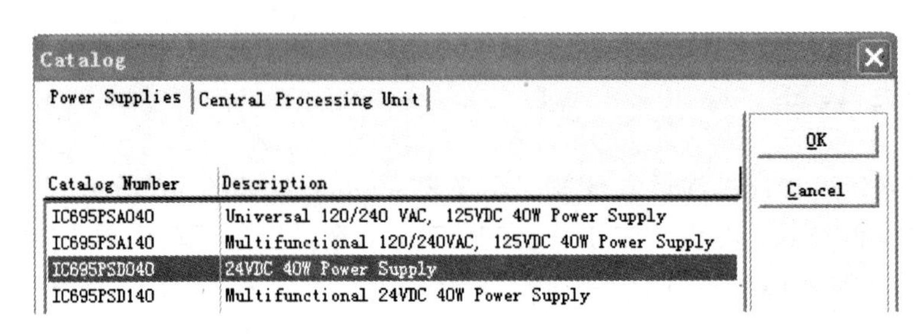

图 3-9　选择电源模块

(3)组态 CPU 模块。系统默认“IC695CPU310”模块安装在背板插槽“Slot 2”和“Slot 3”上。这里以“IC695CPU315”模块安装在背板插槽“Slot 1”和“Slot 2”上为例,介绍组态过程。鼠标左键点住“Slot 2”项拖到“Slot 1”处;右键单击图 3-8 中的“Slot 1”,在弹出的菜单中单击“Replace Module”命令打开“Catalog”对话框。在“Catalog”对话框中,选择“IC695CPU315”项,单击“OK”按钮返回,如图 3-10 所示。

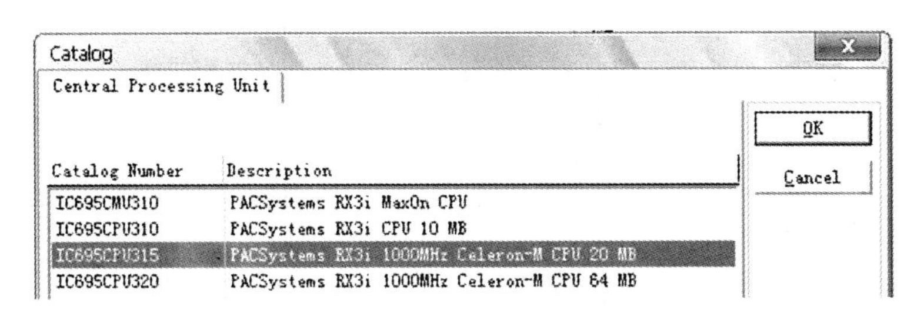

图 3-10　选择 CPU 模块

(4)组态以太网通信模块。以“IC695ETM001”模块为例介绍组态过程。右键单击图3-8 中的“Slot 3”,在弹出的菜单中单击“Add Module”命令打开“Catalog”对话框。在“Catalog”对话框中,选择“Communications”选项卡,再选择“IC695ETM001”项,单击“OK”按钮返回,如图 3-11 所示。

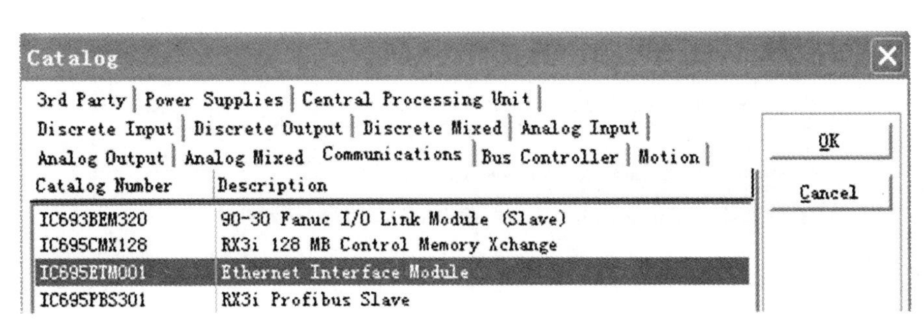

图 3-11　选择通信模块

(5)组态 PNC 模块。以“IC695PNC001”模块为例介绍组态过程。右键单击图 3-12 中的“Slot 10”(根据模块安装背板插槽位置而定),在弹出的菜单中单击“Add Module”命令打开“Catalog”对话框。在“Catalog”对话框中选择“Bus Controller”选项卡,再选择“IC695PNC001”项,单击“OK”按钮返回,如图 3-13 所示。

(6)右键单击图 3-12 中的“Slot 10”,在弹出的菜单中单击“Add IO-Device”命令打开“PROFINET Device Catalog”对话框。在“PROFINET Device Catalog”对话框中,选择“VersaMax PROFINET IO Scanner(2 RJ-45 Copper connectors)”项,单击“OK”按钮确认,如图 3-14 所示。

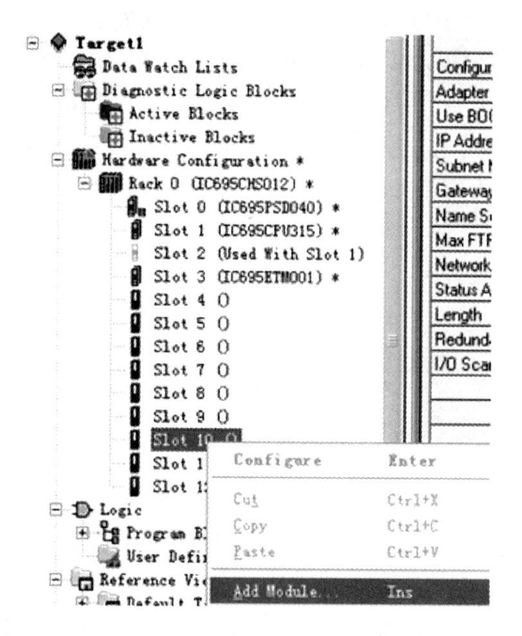

图 3-12 选择“Add Module”命令

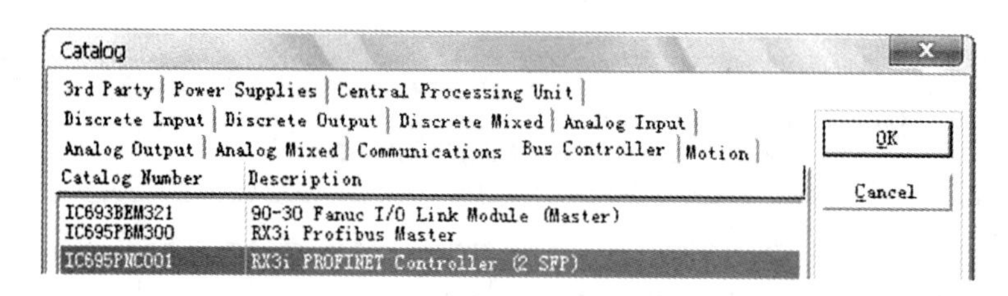

图 3-13 选择总线控制模块

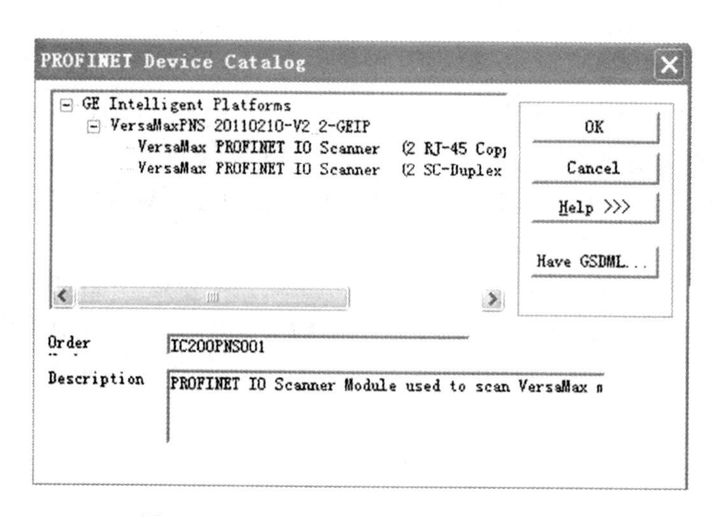

图 3-14 “PROFINET Device Catalog”对话框

（7）配置“versamax-pns”项。打开“Slot 10”项的子项，右键单击“versamax-pns”项，在弹出的菜单中单击“Change Module List”命令，如图 3-15 所示。

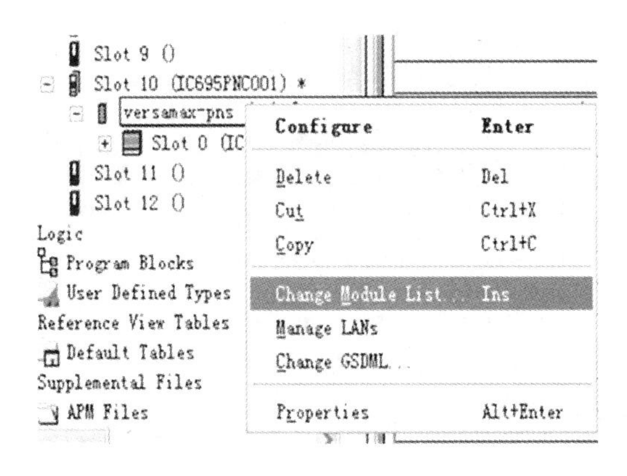

图3-15　选择“Change Module List”命令

(8)在“VersaMax Change Module List”对话框中,单击“VersaMax Modules”选项前面的“+”打开模块选择菜单进行模块配置。模块配置顺序依据VersaMax远程I/O硬件装配位置而定,下面以图1-1所示硬件装配位置为例介绍组态过程。

①添加电源模块。打开图3-16中“Power Supply Module”项选择“PWR002”(根据硬件配置的型号来选择),双击“PWR002”其将自动添加到左侧列表中,PROFINET NIU提供了两个电源插槽,根据现场情况决定电源配置的个数,系统默认是两个。如果现场只用一个电源,那就选中第二个电源,按“Delete”键删除。

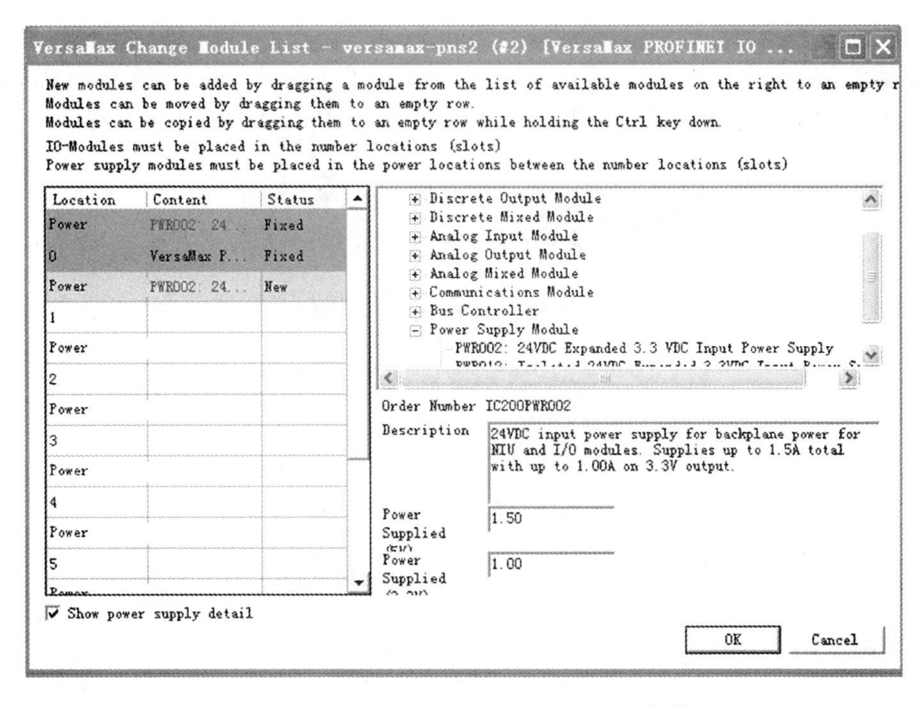

图3-16　“VersaMax Change Module List”对话框

②添加数字量输入模块。打开图3-16中“Discrete Input Module”项选择“MDL640”,双击“MDL640”其将自动添加到左侧列表中,如图3-17所示。

③添加数字量输出模块。打开图 3-16 中“Discrete Output Module”项选择“MDL740”，双击“MDL740”其将自动添加到左侧列表中。

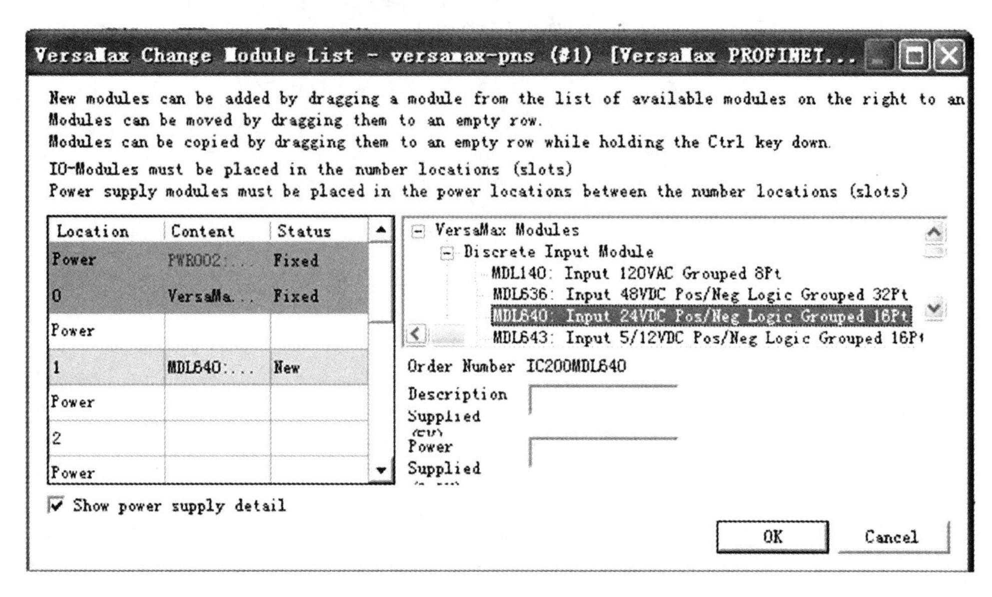

图 3-17　添加 MDL640 模块

④添加模拟量输入模块。打开图 3-16 中“Analog Input Module”项选择“ALG264”，双击“ALG264”其将自动添加到左侧列表中。

⑤添加模拟量输出模块。打开图 3-16 中“Analog Output Module”项选择“ALG326”，双击“ALG326”其将自动添加到左侧列表中。模块添加完成后，效果如图 3-18 所示。

Location	Content	Status
Power	PWR002: 24VDC Expanded 3.3...	Fixed
0	VersaMax PROFINET IO Scann...	Fixed
Power		
1	MDL640: Input 24VDC Pos/Ne...	New
Power		
2	MDL740: Output 12/24VDC Po...	New
Power		
3	ALG264: Analog Input 15 Bi...	New
Power		
4	ALG326: Analog Output 13 B...	New

图 3-18　VersaMax 模块添加顺序列表

⑥错误信息处理。模块添加完成后单击“OK”按钮确认，回到浏览器窗口。“Slot 10”项的子项“Slot 3”和 “Slot 4”提示错误信息，如图 3-19 所示。错误原因是模块参数配置不完整，下面补充参数配置信息。

a. 右键单击图 3-19 中“Slot 3”项，在弹出的菜单中单击“Change Submodule List”命令。在“Change Submodule List – Slot 3 （IC200ALG264）”对话框中双击“15 Channel 4 to 20 mA Analog Inputs”，其将自动添加到左侧列表，单击“OK”按钮确认，如图 3-20 所示。

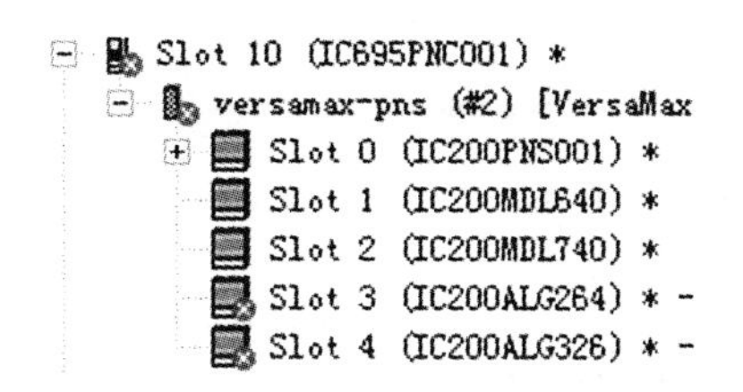

图3-19　错误提示信息

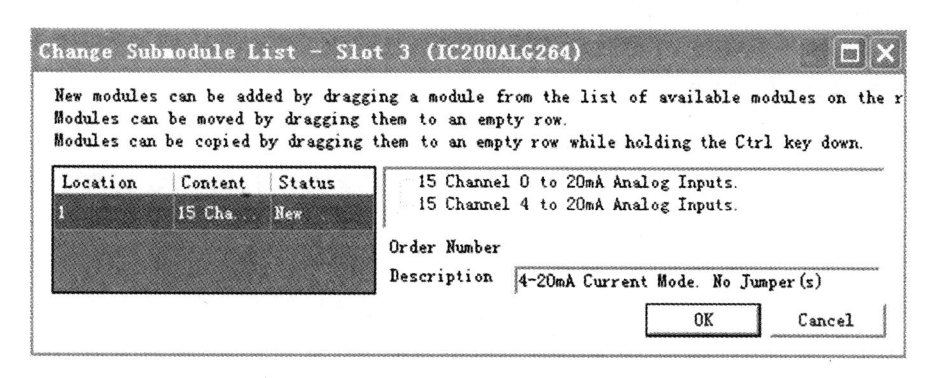

图3-20　模拟量输入子模块选择框

b. 右键单击图3-19中"Slot 4"项,在弹出的菜单中单击"Change Submodule List"命令。在"Change Submodule List - Slot 4 (IC200ALG326)"对话框中双击"8 Channel 4 to 20 mA Analog Outputs",其将自动添加到左侧列表,单击"OK"按钮确认,如图3-21所示。

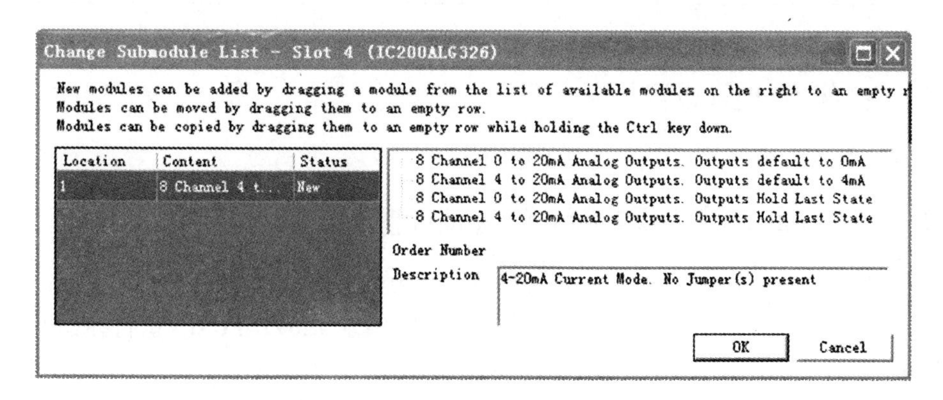

图3-21　模拟量输出子模块选择框

(9)模块配置完成之后,配置效果如图3-22所示。

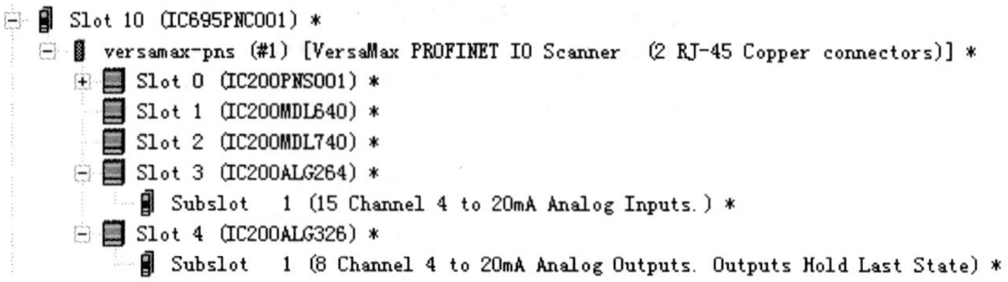

Slot 10 (IC695PNC001) *
versamax-pns (#1) [VersaMax PROFINET IO Scanner (2 RJ-45 Copper connectors)] *
Slot 0 (IC200PNS001) *
Slot 1 (IC200MDL640) *
Slot 2 (IC200MDL740) *
Slot 3 (IC200ALG264) *
Subslot 1 (15 Channel 4 to 20mA Analog Inputs.) *
Slot 4 (IC200ALG326) *
Subslot 1 (8 Channel 4 to 20mA Analog Outputs. Outputs Hold Last State) *

图 3-22　完成硬件组态

3.5　IP 地址设置

PC 机(运行 PME 软件)、PAC(PACSystems™ RX3i 系统)和 VersaMax 远程 I/O 之间通过网线连接组成局域网。IP 地址分配见表 3-1。

表 3-1　IP 地址分配一览表

设备名称	IP 地址
IC695PNC001 模块	192. 168. 1. 1
IC200PNS001 模块 (VersaMax 远程 I/O)	192. 168. 1. 2
PC 机	192. 168. 1. 3
PACSystems™ RX3i 系统	192. 168. 1. 4

3.5.1　PC 机 IP 地址设置

IP 地址分配见表 3-1,设置方法参见项目 2。

3.5.2　PACSystems™ RX3i 系统 IP 地址设置

PC 机和 PACSystems™ RX3i 系统(IC695ETM001 模块)通过并行网线连接,上电后 IC695ETM001 网线端口上“LINK”指示灯长亮。CPU 模块 IC695CPU315 运行控制开关设置为“STOP”模式。

(1)在“Navigator”浏览窗口中,单击“Utilities”选项卡,选择“Set Temporary IP Address”项,如图 3-23 所示。

(2)在“Set Temporary IP Address”对话框中,输入 IC695ETM001 模块上的 MAC 地址和表 3-1 分配的 IP 地址,如图 3-24 所示。单击“Set IP”按钮进行设置。IP 设置成功后,如图 3-25 所示。单击“确定”按钮返回。

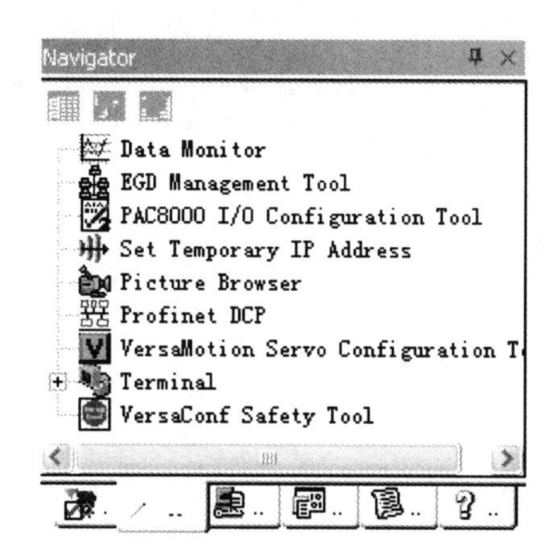

图 3-23　常用工具选项卡

Set Temporary IP Address

This utility is designed to set the IP
address of the target for a temporary time
period. The IP address will reset after
power is cycled. Please remember to download

MAC Address
Enter 12-digit MAC address
using hexadecimal notation
00 09 91 02 7B 38

IP Address to Set
Enter IP address
using
192 . 168 . 1 . 4

Set IP
Exit
Help

Network Interface Selection
If your computer has multiple
network interfaces, you may
Enable interface sele

图 3-24　“Set Temporary IP Address”对话框

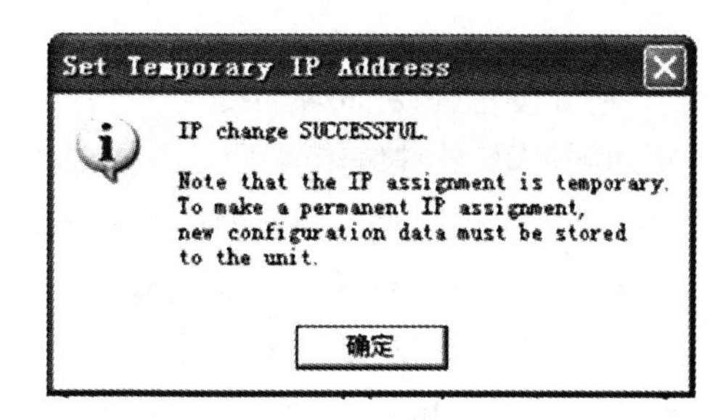

图 3-25　IP 设置成功

(3)右键单击图 3-8 中的控制对象“Target1”,在弹出的菜单中单击“Proterties”命令。在“Inspector”对话框中设置通信端口和 IP 地址。单击“Physical Port”项,在其下拉菜单中选择“ETHERNET”;单击“IP Address”选项,输入“192. 168. 1. 4”,如图 3-26 所示。设置完毕后关闭对话框。

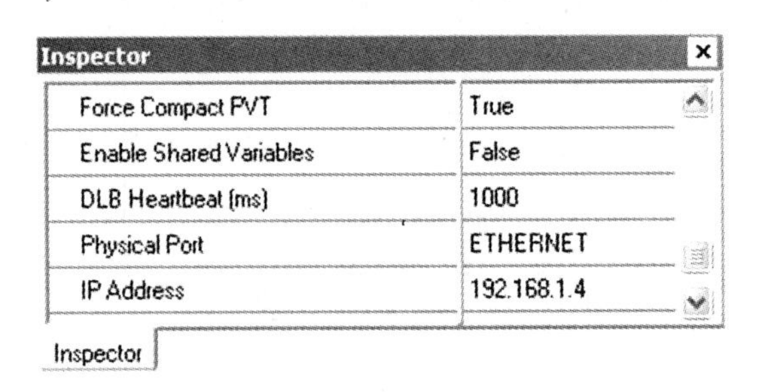

图 3-26 “Inspector”对话框

(4)右键单击图 3-8 中的“Slot 3”项,在弹出的菜单中选择“Configure”命令。在参数信息窗口“Settings”选项卡中的“IP Address”项输入模块的 IP 地址(如“192. 168. 1. 4”),如图 3-27 所示。设置完毕后关闭窗口。

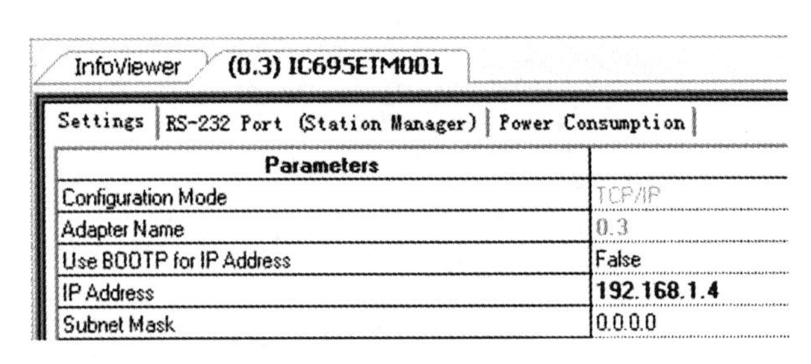

图 3-27 “IC695ETM001”参数窗口

3.5.3 IC695PNC001 模块 IP 地址设置

(1)在“Navigator”浏览窗口中,单击“Utilities”选项卡,选择“Set Temporary IP Address”项,如图 3-23 所示。

(2)在“Set Temporary IP Address”对话框中,输入 IC695PNC001 模块上的 MAC 地址和表 3-1 分配的 IP 地址,单击“Set IP”按钮进行设置。IP 地址设置成功后,单击“确定”按钮返回。

(3)用“Ping”指令检查 IP 地址设置,过程同项目 2。

(4)关闭 DOS 窗口,重新回到 PME 软件编辑界面,在“Navigator”浏览窗口中,单击 Navigator 组件图标 打开工程目录树,在控制对象“Target1”目录下,单击“Hardware Configuration”项的“Rack 0”子项下“Slot 0”前面的“ + ”号展开硬件配置菜单,右键单击“Slot 10”项,在弹出的菜单中单击“Properties”命令,打开“Inspector”对话框。

(5)在“Inspector”对话框中,打开“Network Identification”选项中的“Device Name”子项,系统默认模块名称为“iolan-controller01”(操作者可以根据需要自行修改);在“IP Address”子项输入模块 IP 地址(如“192. 168. 1. 1”)。打开“LAN”项中“LAN Name”子项,系统默认

局域网名为“LAN01”(操作者可以根据需要自行修改);在“IP Auto-Assign Range Lower Limit”子项输入 IP 地址的下限(如“192. 168. 1. 1”),在“IP Auto-Assign Range Upper Limit”子项输入 IP 地址的上限(如“192. 168. 1. 254”),如图 3-28 所示。设置完成后关闭对话框。

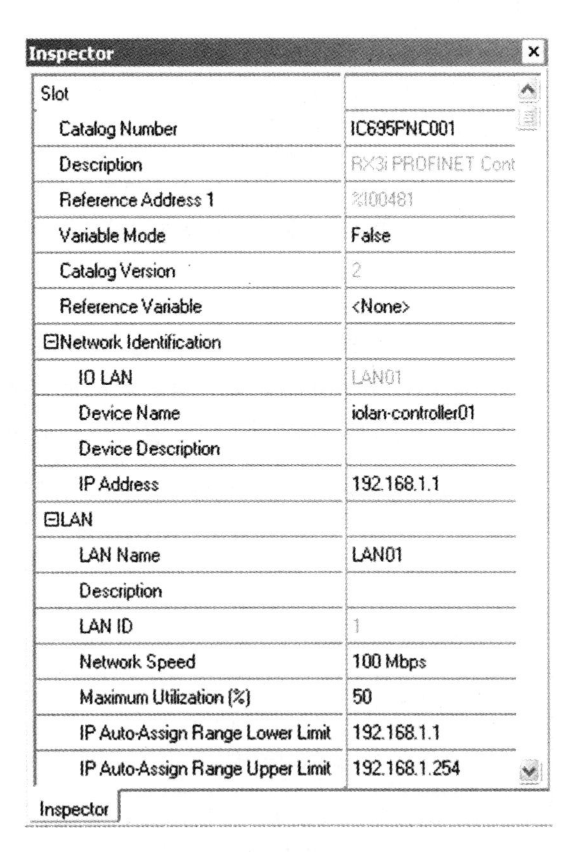

图 3-28　“Inspector”对话框

3.5.4　IC200PNS001 模块 IP 地址设置

(1)在“Navigator”浏览窗口中,单击“Utilities”选项卡,选择“Set Temporary IP Address”项,如图 3-23 所示。

(2)在“Set Temporary IP Address”对话框中,输入 IC200PNS001 模块上的 MAC 地址和表 3-1 分配的 IP 地址,单击“Set IP”按钮进行设置。IP 地址设置成功后,单击“确定”按钮返回。

(3)用“Ping”指令检查 IP 地址设置,过程同项目 2。

(4)关闭 DOS 窗口,重新回到 PME 软件编辑界面,在“Navigator”浏览窗口中,单击 Navigator 组件图标打开工程目录树,在控制对象“Target1”目录下,单击“Hardware Configuration”项的“Rack 0”子项下“Slot 0”前面的“ + ”号展开硬件配置菜单,右键单击“versamax-pns”项,在弹出的菜单中选择“Properties”命令,如图 3-29 所示。

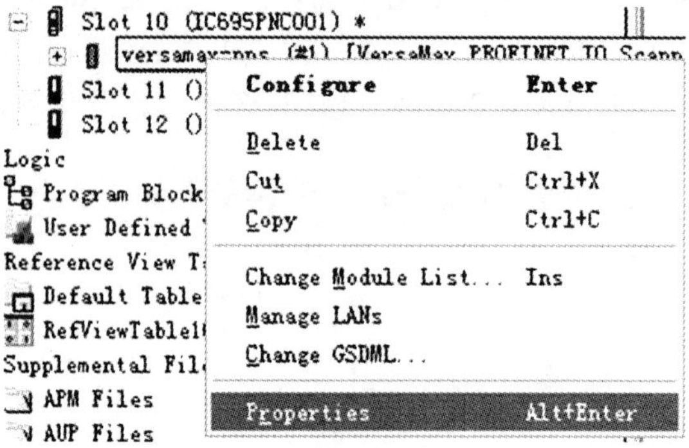

图 3-29 选择“Properties ”命令

(5)在“Inspector”信息框中,打开“Network Identification”项中的“Device Name”子项,系统默认模块名称为“versamax-pns”(操作者可以根据需要自行修改),在“IP Address”子项输入模块 IP 地址(如“192. 168. 1. 2”),如图 3-30 所示。设置完成后关闭信息框。

图 3-30 “Inspector”信息框

3.5.5 配置检查

(1)在“Navigator”浏览窗口中,单击“Utilities”选项卡,选择“Profinet DCP”项,如图 3-23 所示。

(2)在“Connection Settings”对话框中,单击“Refresh Device List”按钮,“Profinet DCP”开始查询 Profinet 网络,显示出局域网络上的设备。如图 3-31 所示,DCP 工具找到两个 PROFINET 设备,一个设备默认名称为“iolan-controller01”,IP 地址为“192. 168. 1. 1”,设备类型为“IC695PNC001”;另一个设备默认名称为“versamax-pns”,IP 地址为“192. 168. 1. 2”,设备类型为“IC200PNS001”。前面组态的两个模块信息已经能够在局域网络上查找到,说明信息配置正确。

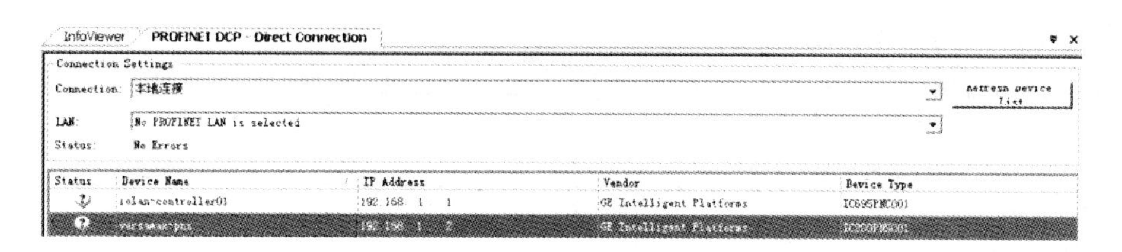

图3-31　"Connection Settings"对话框

3.6　I/O地址分配

3.6.1　VersaMax远程I/O模块地址分配

(1)在"Navigator"浏览窗口中,单击组件图标打开工程目录树,在控制对象"Target1"目录下单击"Hardware Configuration"项的"Rack 0"子项前面的"+"号展开硬件配置菜单。

(2)双击"Slot 1 (IC200MDL640)"打开模块参数信息窗口,在"Settings"选项卡中"Input Data"栏查看模块地址,如图3-32所示,地址为"%I00145"。

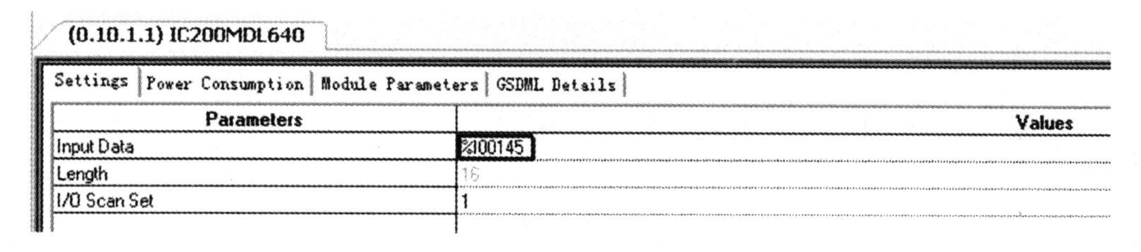

图3-32　数字量输入模块地址

(3)双击"Slot 2 (IC200MDL740)"打开模块参数信息窗口,在"Settings"选项卡中"Output Data"栏查看模块地址,如图3-33所示,地址为"%Q00033"。

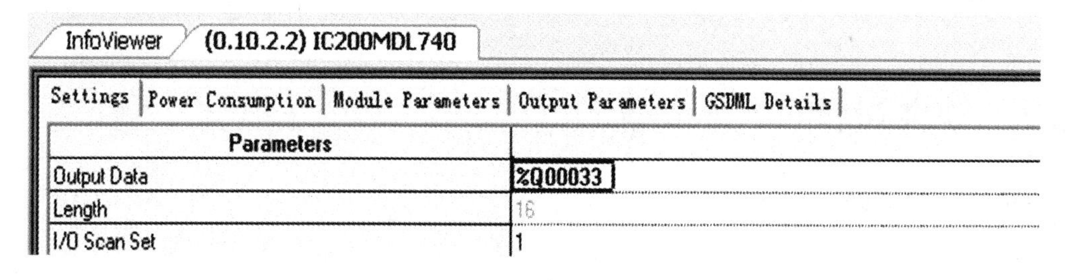

图3-33　数字量输出模块地址

(4)双击"Slot 3 (IC200ALG264)"打开模块参数信息窗口,在"Settings"选项卡中"Channel1 Input Data"栏查看模块地址,如图3-34所示,通道1的地址为"%AI00001"。模拟量输入模块为15通道,地址范围为%AI00001～%AI00015。

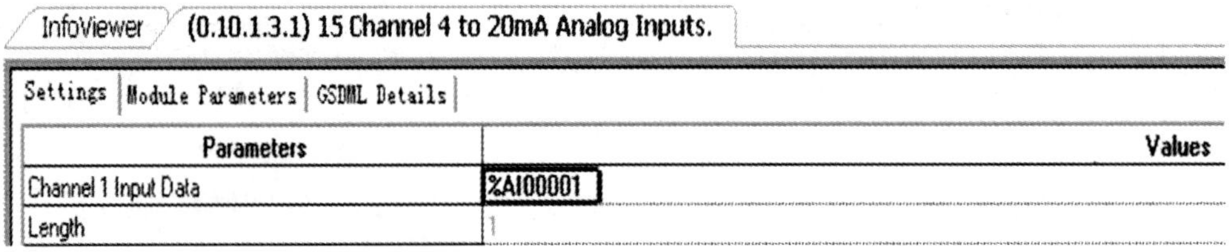

图 3-34　模拟量输入模块地址

（5）双击“Slot 4（IC200ALG326）”打开模块参数信息窗口，在“Settings”选项卡中“Channel1 Output Data”栏查看模块地址，如图 3-35 所示，通道 1 地址为“%AQ00001”。模拟量输出模块为 8 通道，地址范围为%AQ00001～%AQ00008。

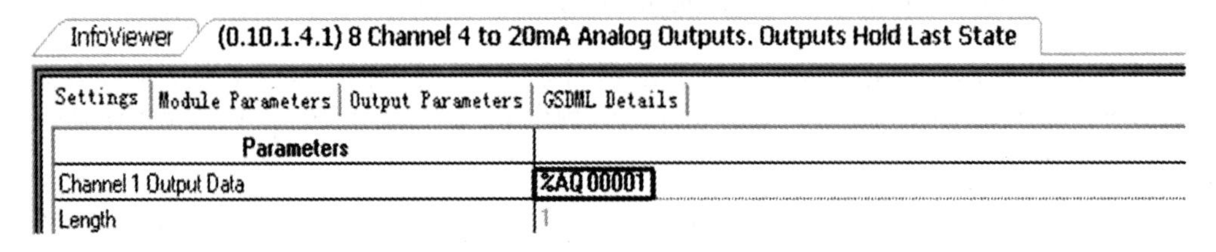

图 3-35　模拟量输出模块地址

3.6.2　输入、输出信号地址分配

根据硬件接线图（图 3-5）I/O 地址分配见表 3-2。

表 3-2　I/O 地址分配表

输入			输出		
I/O 名称	I/O 地址	功能说明	I/O 名称	I/O 地址	功能说明
I145	%I00145	进口传感器	Q33	%Q00033	蜂鸣器
I146	%I00146	出口传感器	Q34	%Q00034	指示灯

3.7　软件设计

梯形图程序如图 3-36 所示。

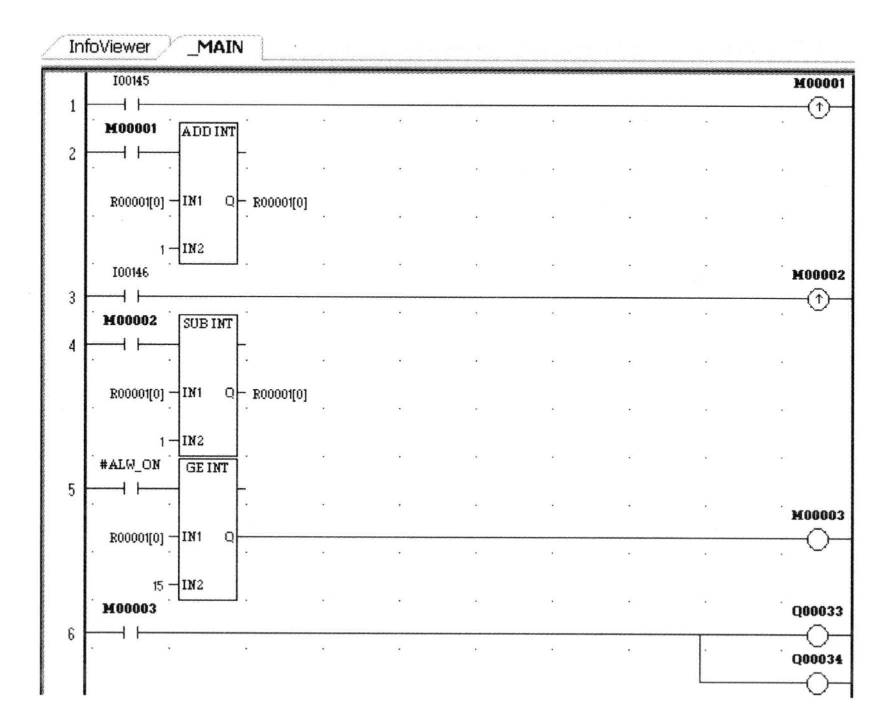

图3-36　梯形图程序

3.8　下载调试

完成工程创建、硬件组态、IP地址分配和软件设计等工作后，进行工程编译，与工程有关的所有信息都保留在了PC机硬盘上。工程编译通过后，PC机才能将系统数据（硬件组态、IP地址分配等）和程序下载给控制器。

1. 系统编译

单击工具栏上的✓图标进行系统编译，信息框给出编译信息，如图2-35所示。

2. 通信连接

（1）单击工具栏上的⚡图标，PC机与PACSystems™RX3i系统建立通信连接。监视窗口显示“Connect to the device”，工具栏上的●图标由灰色变成绿色，说明PC机和PACSystems™RX3i系统连接成功。

（2）连接成功后系统默认PME软件为离线监控模式，单击●图标切换为在线编程模式，再次单击●图标又切换为离线监控模式。PACSystems™ RX3i系统运行期间，只允许一台PC机处于在线编程模式，但可以同时接受多台PC机处于离线监控模式对其进行监控。

3. 系统数据和程序代码下载

下载硬件配置信息前，应将CPU模块上状态开关拨到“STOP”位或单击工具栏上的■图标（推荐使用），使CPU处于“STOP”模式。单击工具栏上▶图标，下载硬件配置信息和程序代码。在弹出的“Download to Controller”对话框勾选相关选项，单击“OK”按钮确认，如图3-37所示。

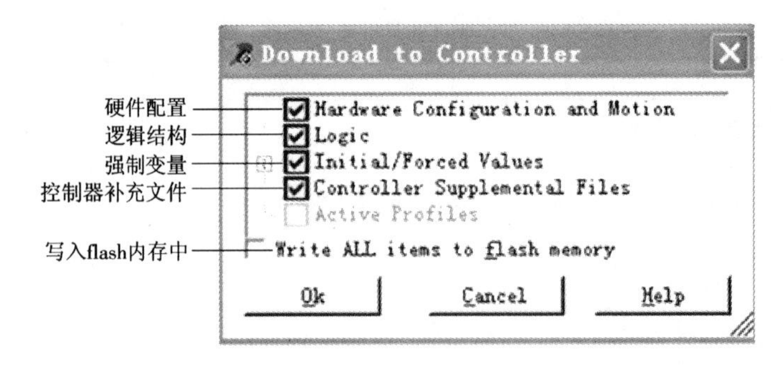

图 3-37 "Download to Controller"对话框

4. PROFINET 网络调试

PROFINET 通过 DCP(Discovery and Configuration Protocol)在网络中为设备定位。DCP 工具只能用于 PROFINET 设备,它可以用于在网络上发现并配置非 PROFINET 设备。

注意:为使 DCP 工具能够查找到 PROFINET I/O 设备,运行 PME 的电脑必须连接到与 I/O 设备相同的局域网络中。

(1)在"Navigator"浏览窗口中,单击"Utilities"选项卡,打开后单击"Profinet DCP"选项,如图 3-23 所示。

如图 3-38 所示,将"LAN"设置为"LAN01",单击"Refresh Device List"按钮,DCP 工具就会查询 PROFINET 网络,然后会显示出所有找到的设备。DCP 工具找到了两个 PROFINET 设备。一个设备默认名称为"iolan-controller01",设备类型为"IC695PNC001",IP 地址为"192.168.1.1";另一个设备的默认名称为"versamax-pns",设备类型为"IC200PNS001",IP 地址为"192.168.1.2"。

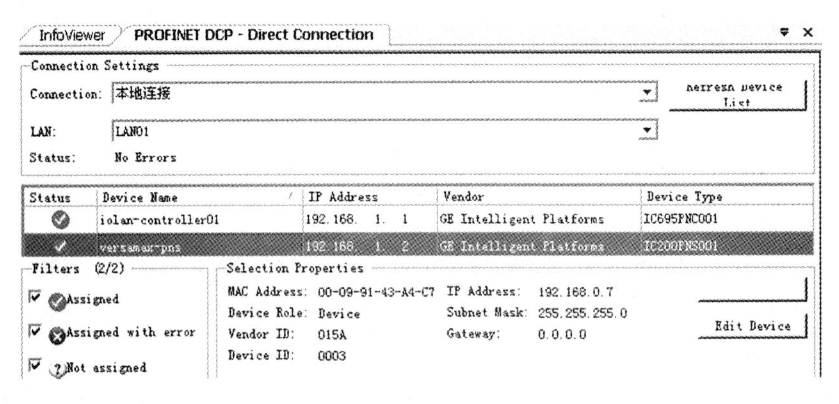

图 3-38 DCP 调试窗口

5. 工程调试

调试步骤参见项目 2。

3.9 任务拓展

每个 PNC 最多支持 64 个 I/O-Device,每个 VersaMax PNS 算作 1 个 I/O-Device,PROFI-

NET网络的拓扑结构有星型、环型、直线型，在此以星型一对二的拓扑结构为例介绍组态过程。系统构成如图3-2所示。

3.9.1　硬件组态

(1)星型拓扑结构至少需要2个“Versamax I/O-Device”，第一个“I/O-Device”已经在前面添加完毕，现在只需再添加1个“Versamax I/O-Device”，就可以完成一个简单的星型拓扑结构。

(2)配置第二个“Versamax I/O-Device”设备。参照3.4的步骤(6)至(9)配置。

(3)添加第二个“Versamax I/O-Device”后，效果如图3-39所示。

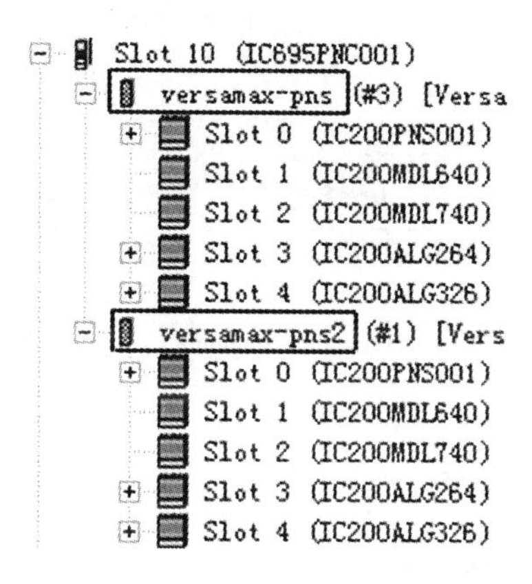

图3-39　模块添加效果图

3.9.2　IP地址分配

IP地址分配见表3-3。

表3-3　IP地址分配一览表

设备名称	IP地址
IC695PNC001模块	192.168.1.1
VersaMax远程I/O(1) (IC200PNS001)	192.168.1.2
PC机	192.168.1.3
PAC	192.168.1.4
VersaMax远程I/O(2) (IC200PNS001)	192.168.1.6

(1)“versamax-pns2”的IP设置步骤见3.5。

(2)右键单击图3-39中的“Slot 10”的子项“versamax-pns2”选择“Properties”命令。在“Inspector”对话框中，“Network Identification”项中的“Device Name”默认为“versamax-pns2”，将“IP Address”修改为“192.168.1.6”，如图3-40所示。

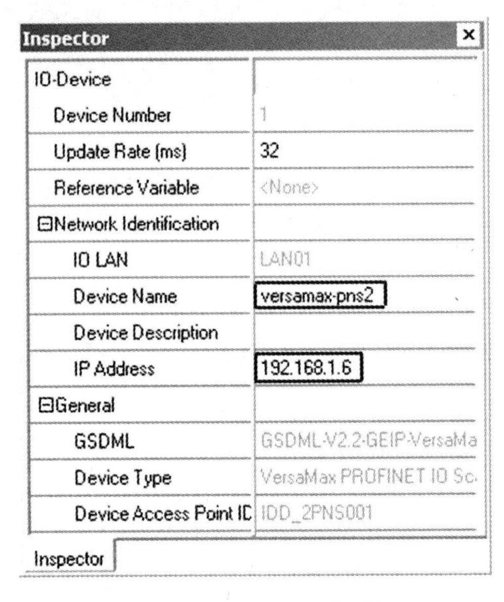

图 3-40 “Inspector”对话框

(3)利用选项卡中的“PROFINET DCP”工具,将“LAN”设置为“LAN01”进行查找设备、设备名称、IP 地址、设备类型,如图 3-41 所示。

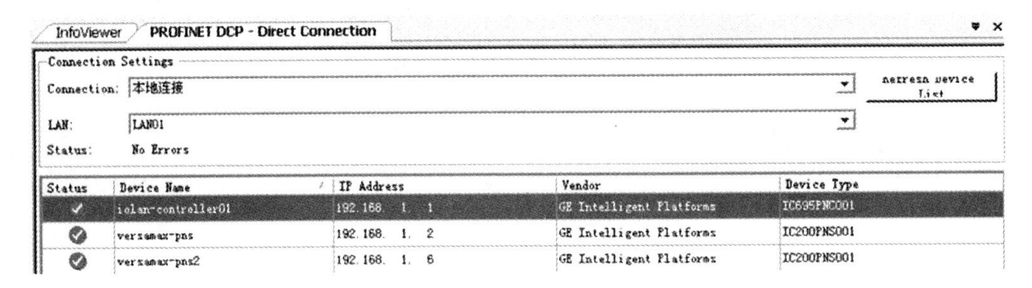

图 3-41 DCP 调试窗口

项目4　基于 EGD 协议的控制系统设计

EGD 即 Ethernet Global Data。EGD 协议是一种高效的、简便的、高速的数据通信协议。EGD 通信属于非面向连接的数据传输协议，与基于 TCP/IP 协议的通信方式相比，其通信效率较高、系统开销小，适用于高速定周期通信应用。在 GE 产品中，其通信周期可设定范围为 10 ms ~ 3 600 s。

采用 EGD 方式通信，用户无须编程只需组态广播（Producer）和接收参数（Consumer）即可。Producer 按照设定的时间周期将数据广播到设定的 Consumer 个体或 Consumer 组中，Consumer 按照设定的时间周期读取收到的数据。

EGD 通信可分为单播技术和多目广播技术两种方式，如图 4-1 所示。

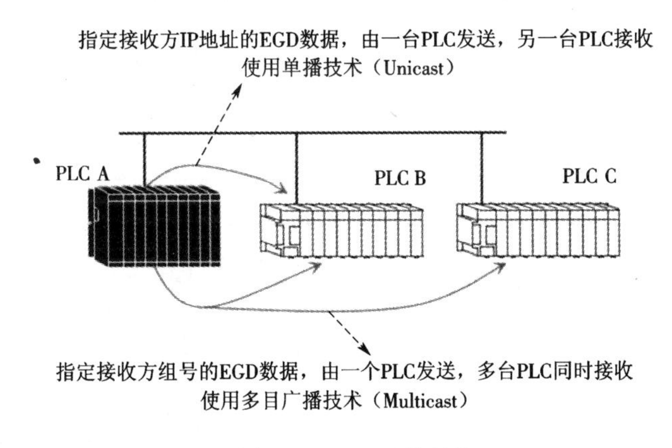

图 4-1　EGD 通信结构

4.1　选用单播技术的控制系统设计

4.1.1　控制系统框架

采用一台 PACSystems™ RX3i 系统（以下简称 PAC）和一台 VersaMax PLC（以下简称 PLC）组成基本网络，网络中以太网通信模块型号为 IC695ETM001（以下简称 ETM001），如图 4-2 所示。

4.1.2　创建工程

本工程利用 EGD 协议的单播技术进行数据传输，具体要求是：PAC 的数字量数据传输到 PLC 中，参与 PLC 逻辑运算；PLC 模拟量输入数据传输到 PAC 中，通过 PAC 的模拟量输出模块在仪表中显示出来。工程创建步骤详见项目 3。PC 机、PACSystems™ RX3i 系统和 VersaMax PLC 的 IP 地址分配见表 4-1。

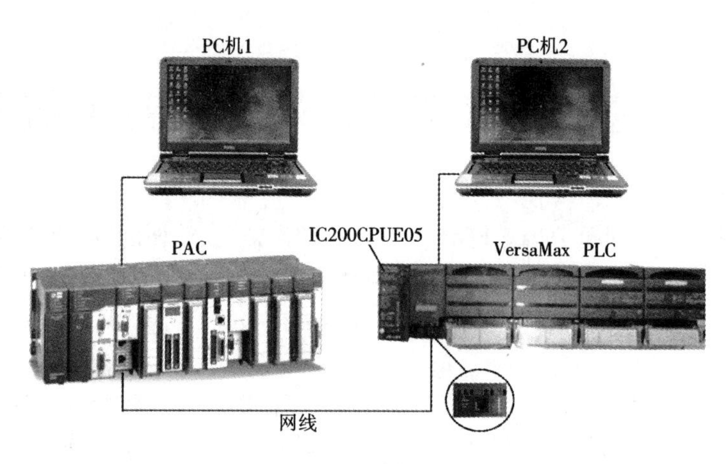

图 4-2 系统构成图

表 4-1 IP 地址分配

设备名称	IP 地址
PC 机 1	192. 168. 1. 3
PC 机 2	192. 168. 1. 4
PAC(PACSystems™ Rx3i 系统)	192. 168. 1. 5
VersaMax PLC(IC200CPUE005)	192. 168. 1. 6

4.1.3 硬件组态

1. 对 PAC 进行组态

(1)在 PC 机 1 中运行 PME 软件创建工程,添加控制对象"Target 1",图 4-2 中的 PAC 与之相对应。具体步骤参见项目 3。

(2)组态数字量输入模块(IC694ACC300)和模拟量输出模块(IC695ALG704)。右键单击"Slot 4",在弹出的菜单中单击"Add Module"命令,如图 4-3 所示。在系统弹出的"Catalog"对话框中,选择"Discrete Input"选项卡,选择"IC694ACC300"项,单击"OK"按钮确认,如图 4-4 所示。模拟量输出模块在"Analog Output"选项卡中,添加步骤和数字量输入模块相似,在此不再赘述。

(3)双击"(IC694ACC300)"项,查看数字量输入模块的参考地址,起始地址为"%I00185",长度为"16",输入点地址范围为%I00185 ~ %I00200,如图 4-5 所示。

(3)双击"(IC695ALG704)"项,查看模拟量输出模块的参考地址,起始地址为"%AQ00001",如图 4-6 所示。

(4)模拟量输出通道参数设置,工程以"Channel 1"为例。单击"Channel 1"选项卡,将"Range Type"设为"Voltage/Current","Range"设为"4mA to 20mA","Channel Value Format"设为"32 Bit Floating Point",如图 4-7 所示。

Target1
Data Watch Lists
Diagnostic Logic Blocks
Active Blocks
Inactive Blocks
Hardware Configuration *
Rack 0 (IC695CHS012) *
Slot 0 (IC695PSD040) *
Slot 1 (IC695CPU315) *
Slot 2 (Used With Slot 1)
Slot 3 (IC695ETM001) *
Configure Enter
Cut Ctrl+X
Copy Ctrl+C
Paste Ctrl+V
Add Module... Ins

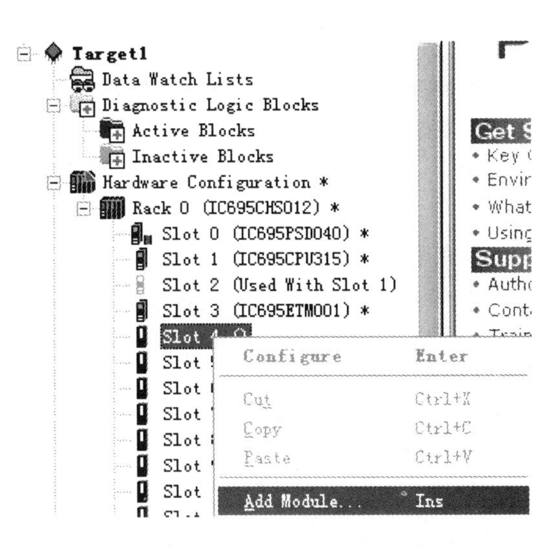

图 4-3　选择“Add Module”命令

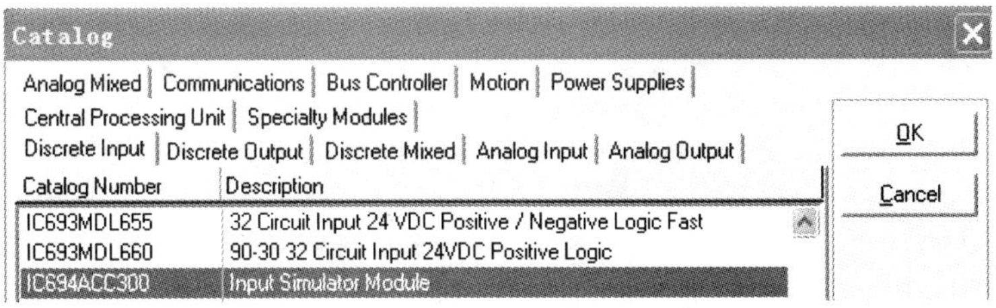

Catalog
Analog Mixed | Communications | Bus Controller | Motion | Power Supplies
Central Processing Unit | Specialty Modules
Discrete Input | Discrete Output | Discrete Mixed | Analog Input | Analog Output
OK
Cancel
Catalog Number | Description
IC693MDL655 | 32 Circuit Input 24 VDC Positive / Negative Logic Fast
IC693MDL660 | 90-30 32 Circuit Input 24VDC Positive Logic
IC694ACC300 | Input Simulator Module

图 4-4　选择数字量输入模块

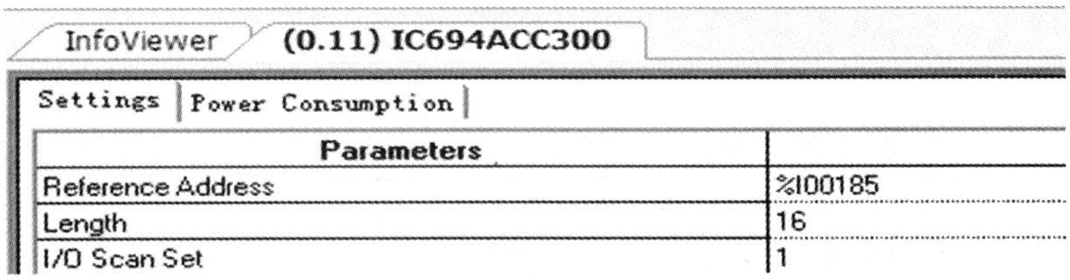

InfoViewer
(0.11) IC694ACC300
Settings | Power Consumption
Parameters
Reference Address | %I00185
Length | 16
I/O Scan Set | 1

图 4-5　查看数字量输入地址

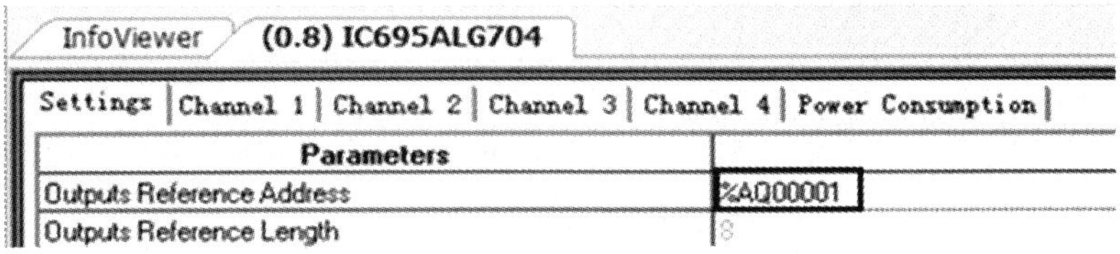

InfoViewer
(0.8) IC695ALG704
Settings | Channel 1 | Channel 2 | Channel 3 | Channel 4 | Power Consumption
Parameters
Outputs Reference Address | %AQ00001
Outputs Reference Length | 8

图 4-6　查看模拟量输出地址

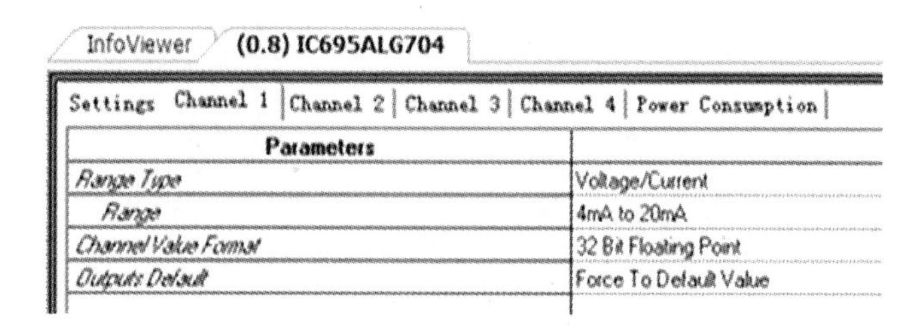

图 4-7　Channel 1 参数信息框

2. 对 VersaMax PLC 进行组态

(1)在 PC 机 2 中运行 PME 软件创建工程,添加控制对象“Target 1”,图 4-2 中 VersaMax PLC 与之相对应。具体步骤见项目 2。

(2)组态数字量输出模块(IC200MDL740)和模拟量输入模块(IC200ALG264)。

(3)双击图 4-8 中的“Slot 2 (IC200MDL740)”项,查看数字量输出模块的参考地址,起始地址为“%Q00001”,长度为“16”,输出点地址范围为% Q00001 ~% Q00016,如图 4-9 所示。

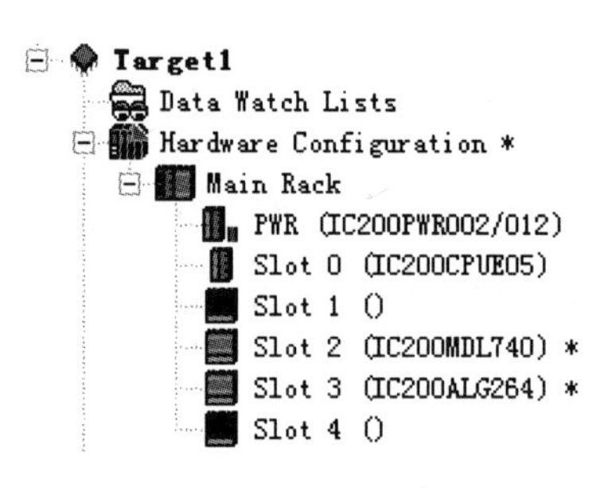

图 4-8　硬件列表

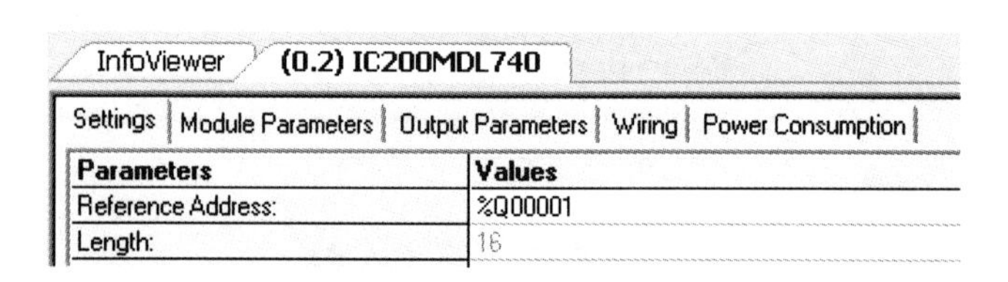

图 4-9　查看数字量输出地址

(4)双击图 4-8 中的“Slot 3 (IC200ALG264)”项,查看模拟量输入模块的参考地址,起始地址为“%AI0001”,如图 4-10 所示。

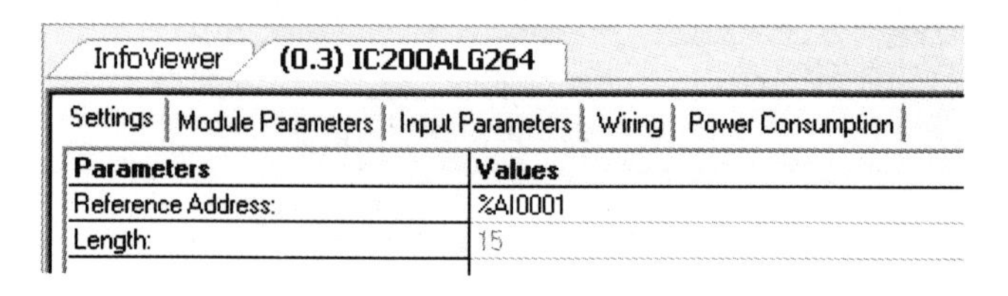

图 4-10　查看模拟量输入地址

4.1.4　EGD配置

1. 对PAC进行EGD配置

(1)右键单击图4-11中的“Target 1”,在弹出的菜单中依次单击“Add Component”→“Ethernet Global Data”命令。

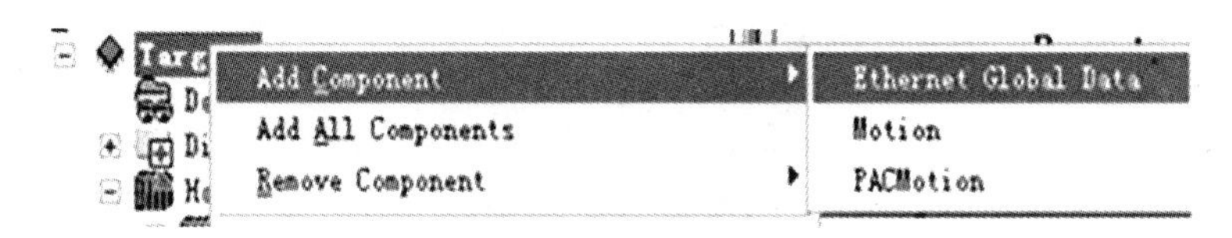

图4-11　添加EGD

(2)右键单击图4-12中的“Ethernet Global Data”项,在弹出的菜单中单击“Properties”命令。

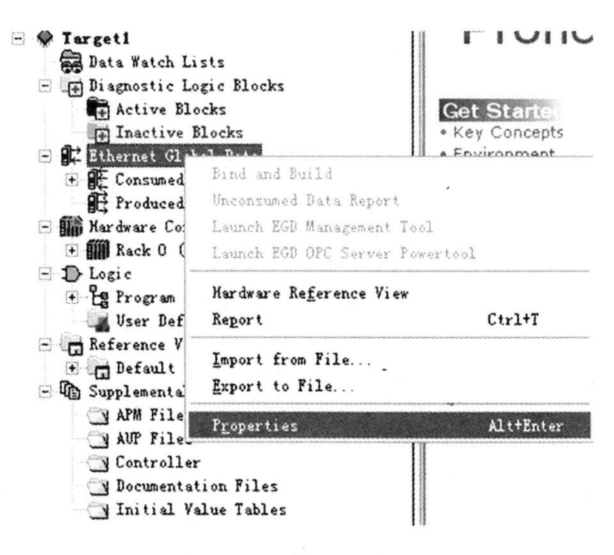

图4-12　选择“Properties”

(3)在弹出的“Inspector”对话框中,单击“Local Producer ID”项设置ID号(如“192.168.1.5”),如图4-13所示。

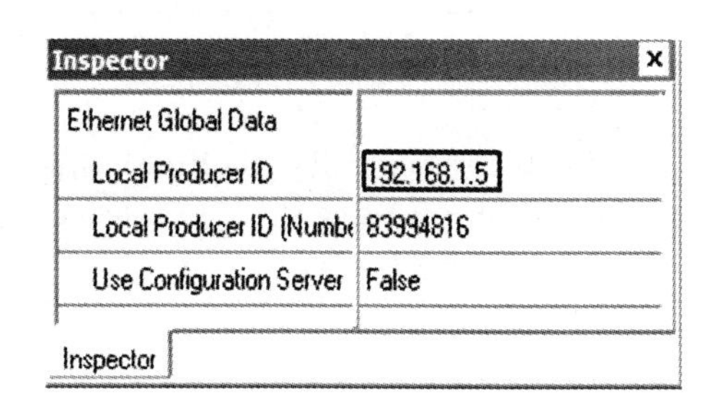

图4-13　“Inspector”对话框

注意:Producer ID形如IP,但并不是IP,它是网络上一个PLC的身份代表(相当于网络上的身份证)，因为一台 PLC 可以有多块以太网卡，每个以太网卡有唯一的 IP 地址。拥有多块以太网卡的控制器只有一个 Producer ID，使用 Producer ID 能更好地支持冗余系统；IP 地址是对于每块以太网卡而言的，Producer ID 是对于网络上的每个 PLC 而言的。

(4)单击“Ethernet Global Data”前面的“+”展开 EGD 接收、发送项，右键单击“Produced Exchanges”项，在弹出的菜单中单击“New”命令生成“ProdExch1”子项，如图 4-14 所示。

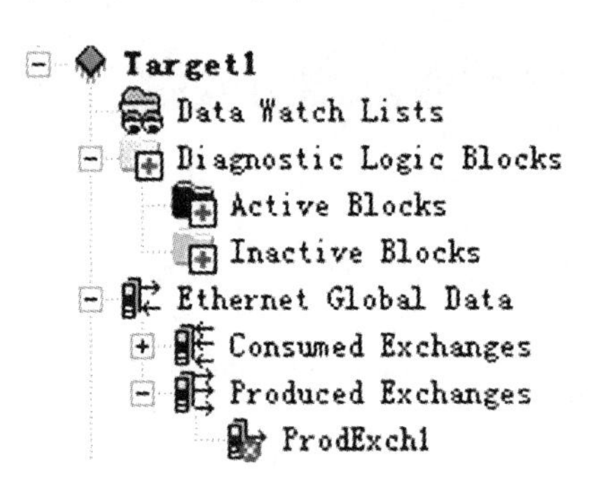

图 4-14　添加“ProdExch1”子项

(5)右键单击图 4-14 中的“ProdExch1”子项弹出菜单，单击菜单中“Properties”命令弹出“Inspector”对话框。在对话框中的“Exchange ID”项输入数据包编号(如“2”)，“Adapter Name”项输入发送数据的以太网模块的机架号/槽号(如“0. 3”)，“Destination Type”项选择“Unicast”，“Destination”项输入接收方的 IP 地址(如“192. 168. 1. 6”)，如图 4-15 所示。

Inspector

Produced Exchange	
Name	ProdExch1
Exchange ID	2
Adapter Name	0.3
Destination Type	Unicast
Destination	192.168.1.6
Produced Period	200
Reply Rate	0
Send Type	Always
Run Mode Store Enabled	False

Inspector

图 4-15　“Inspector”信息框

(6)双击图 4-14 中的“ProdExch1”子项，弹出“ProdExch1”信息框，单击“Add”按钮添加一组数字量发送数据。数据起始地址以“%I00185”为例，长度为“16 BIT”，如图 4-16 所示。

InfoViewer　ProdExch1

Add　Insert　Delete　Length (Bytes): 2

Offset (Byte.Bit)	Variable	Ref Address	Ignore	Length	Type
Status		%I00113	False	16	BIT
0.0		%I00185	N/A	16	BIT

图 4-16　发送数据的地址和长度

(7)右键单击图4-14 中的“Consumed Exchanges”项,在弹出的菜单中单击“New”命令生成“ConsExch1”子项,如图 4-17 所示。右键单击“ConsExch1”子项,在弹出的菜单中单击“Properties”命令打开“Inspector”对话框,在“Inspector”对话框中,“Producer ID”项输入发送方的 ID 号(如“192. 168. 1. 6”),“Group ID”项单播技术时填写“0”,“Exchange ID”项输入发送方数据包的编号(如“1”),“Adapter Name”项输入接收数据的以太网模块的机架号/槽号(如“0. 3”),如图 4-18 所示。

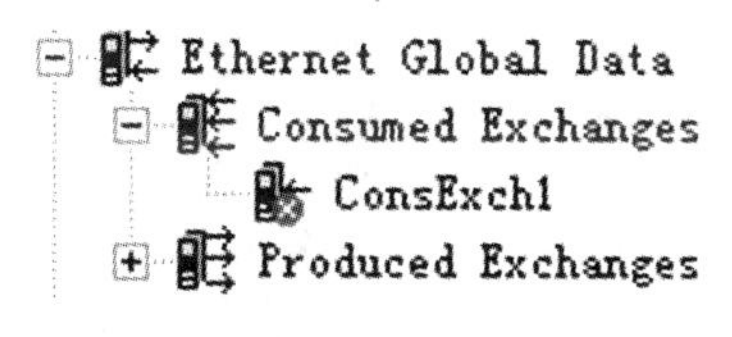

图 4-17　添加“ConsExch1”子项

Inspector

Consumed Exchange	
Name	ConsExch1
Producer ID	192.168.1.6
Group ID	0
Exchange ID	1
Adapter Name	0.3
Consumed Period	200
Update Timeout	0
Run Mode Store Enabled	False

Inspector

图 4-18　“Inspector”信息框

(8)双击图 4-17 中的“ConsExch1”子项,在弹出的“ConsExch1”信息框中单击“Add”按钮添加一组模拟量接收数据。接收的数据存放在 PAC 起始地址“%AQ0001”开始的内存中,长度为“15 WORD”,即 PAC 模拟量输出模块的地址,如图 4-19 所示。

InfoViewer　ConsExch1

Add　Insert　Delete　Length (Bytes): 30

Offset (Byte.Bit)	Variable	Ref Address	Ignore	Length	Type
Status		%I00081	False	16	BIT
TimeStamp		NOT USED	False	0	BYTE
0.0		%AQ0001	False	15	WORD

图 4-19　接收数据的地址和长度

2. 对 PLC 进行 EGD 配置

(1)PLC 的"Producer"对应着 PAC 的"Consumer",PLC 的"Consumer"对应着 PAC 的"Producer"。所以对 PLC 进行 EGD 配置时需要参考 PAC 的 EGD 的参数。配置过程略,配置参数如图 4-20 和图 4-21 所示。

Inspector

Produced Exchange	
Name	ProdExch1
Exchange ID	1
Adapter Name	0.0
Destination Type	IP Address
Destination	192.168.1.5
Produced Period	200
Reply Rate	0
Send Type	Always

Inspector

图 4-20　PLC 的"Producer Exchange"参数

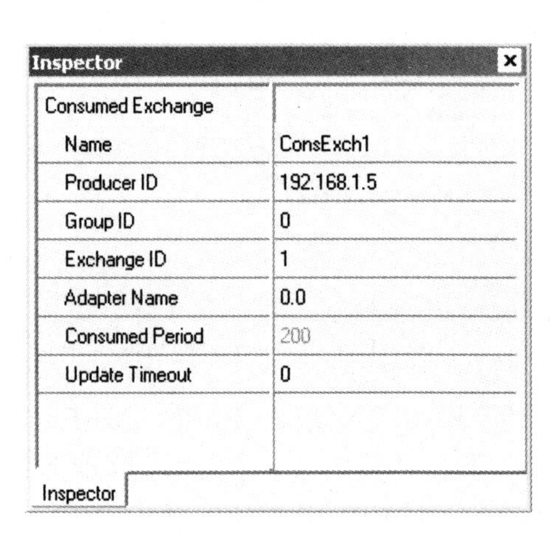

图 4-21　PLC 的"Consumer Exchange"参数

(2)"ConsExch1"信息框中数据存放在 PLC 起始地址为"%I00097"的内存中,长度为"16 BIT",如图 4-22 所示。

InfoViewer | ConsExch1

Add | Insert | Delete | Length (Bytes): 2

Offset (Byte.Bit)	Variable	Ref Address	Ignore	Length	Type
Status		%I00081	False	16	BIT
TimeStamp		NOT USED	False	0	BYTE
0.0		%I00097	False	16	BIT

图4-22　接收数据的地址和长度

（3）“ProdExch1”信息框中，数据起始地址为“%AI0003”，长度为“15 WORD”，如图4-23所示。

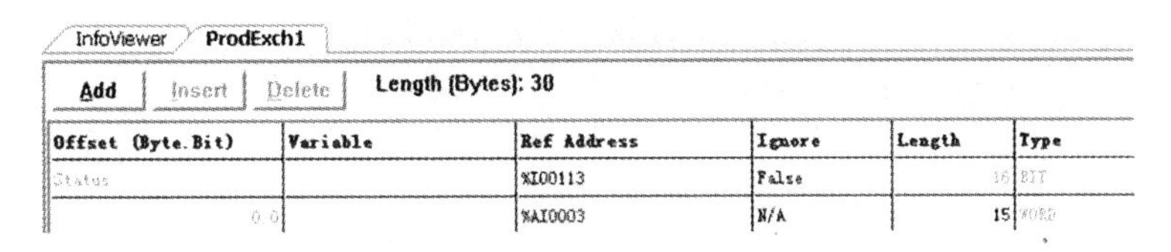

InfoViewer | ProdExch1

Add | Insert | Delete | Length (Bytes): 30

Offset (Byte.Bit)	Variable	Ref Address	Ignore	Length	Type
Status		%I00113	False	16	BIT
0.0		%AI0003	N/A	15	WORD

图4-23　发送数据的地址和长度

4.1.5　程序编写

在PLC中下载电机自锁控制程序，如图4-24所示。常开触点（%I00097）与PAC内存中的位（%I00185）相对应，而位（%I00185）的状态又与PAC的数字量输入模块（IC694ACC300）的1号拨动开关相对应，所以说PLC的触点（%I00097）与PAC的数字量输入模块（IC694ACC300）的1号拨动开关相对应。同理，PLC的触点（%I00098）与PAC的数字量输入模块（IC694ACC300）的2号拨动开关相对应。

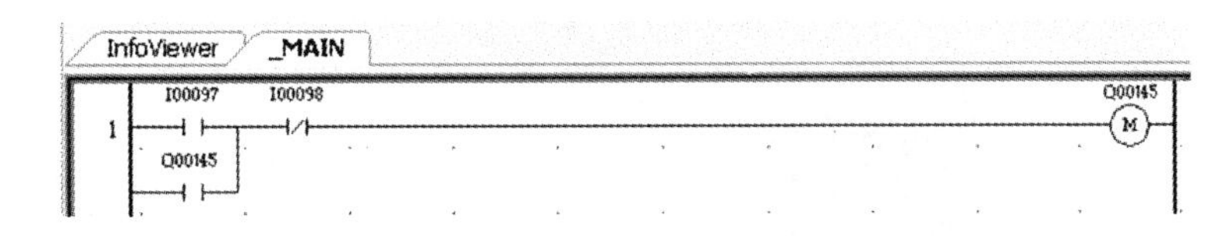

图4-24　电机自锁程序

4.1.6　下载调试

（1）编译下载。PAC、PLC的编译下载详见项目3。

（2）拨动PAC的数字量输入模块（IC694ACC300）的1号开关到“ON”状态，PLC中程序运行状态如图4-25所示。

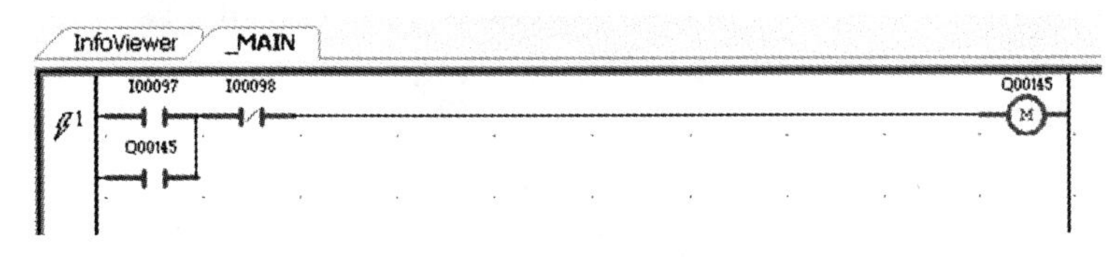

图4-25　程序调试状态

(3)打开 PLC 的数据监控表,输入模拟量输入模块的地址“%AI0003”,按“Enter”键,如图 4-26 所示。

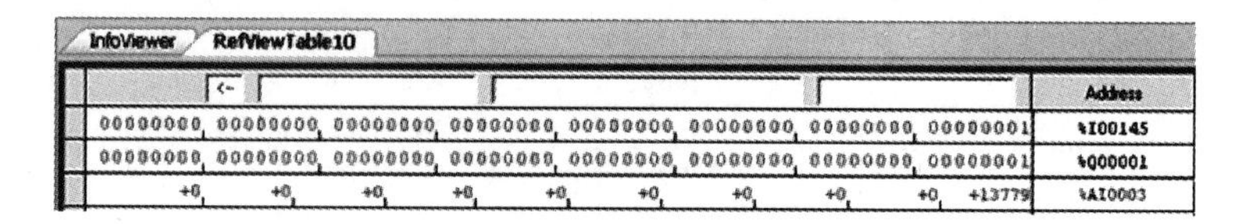

图 4-26　数据监控表

(4)打开 PAC 的数据监控表,输入模拟量输出模块(IC695ALG704)的地址“%AQ0001”,按“Enter”键,如图 4-27 所示。

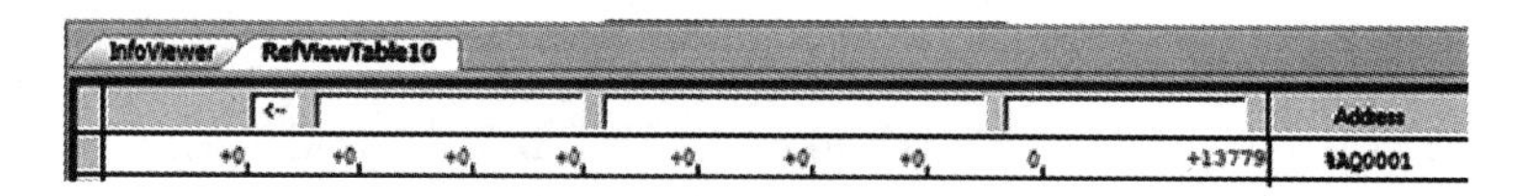

图 4-27　数据监控表

4.2　选用多目广播技术的控制系统设计

4.2.1　工程概述

工程由 1 台 PC 机、3 台 PACSystems™ RX3i 系统和一台 VersaMax PLC 组成一个局域网,一台 PAC 发送数据,多台 PAC 或 PLC 基于 EGD 协议实现数据接收,如图 4-28 所示。工程创建过程略。

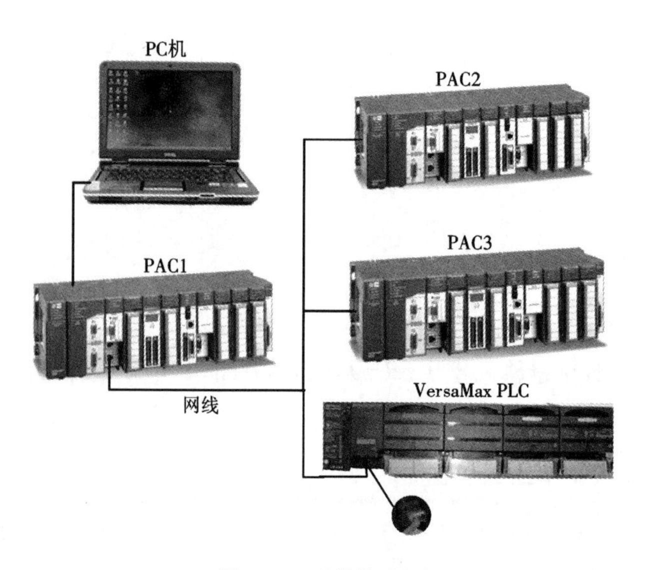

图 4-28　系统构成图

PC 机、PAC 和 PLC 的 IP 地址分配见表 4-2。

表 4-2　IP 地址分配

设备名称	IP 地址
PC 机	192.168.1.3
PAC1	192.168.1.4
PAC2	192.168.1.5
PAC3	192.168.1.6
PLC	192.168.1.7

4.2.2　硬件组态

在 PC 机上运行 PME 软件创建工程，如图 4-29 所示。PAC1 为控制对象“Target1”、PAC2 为控制对象“Target2”、PAC3 为控制对象“Target3”、VersaMax PLC 为控制对象“Target4”。具体步骤参见项目 3。

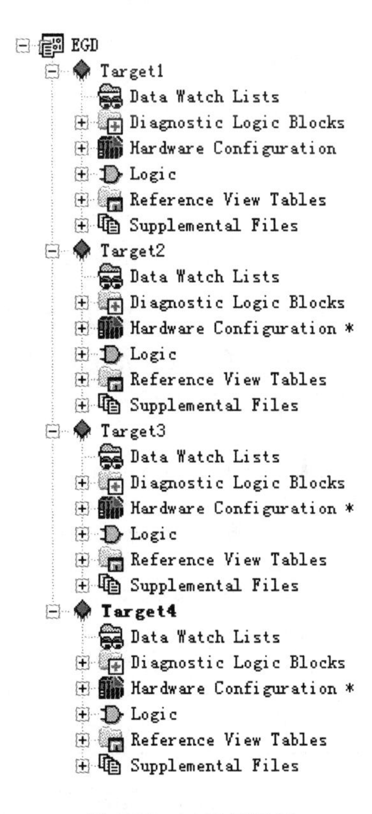

图 4-29　工程目录树

(1)在“Target1”中添加数字量输入模块(IC694ACC300)和模拟量输入模块(IC695ALG600)。

(2)在“Target2”“Target3”中添加数字量输出模块(IC694MDL754)。

(3)在“Target4”中添加数字量输出模块(IC200MDL740)。

4.2.3 EGD 配置

1. 对“Target1”进行 EGD 配置

(1)在“Ethernet Global Data”项的“Inspector”对话框(图 4-13)中,“Local Producer ID”选项填入 ID 号“192.168.1.5”。

(2)在“ProdExch1”子项的“Inspector”对话框(图 4-30)中,“Exchange ID”栏数据设置为“1”,“Adapter Name”栏设置为“0.3”,“Destination Type”栏选择“Multicast”(多目广播),“Destination”栏数据设置为“1”。

Inspector

Produced Exchange	
Name	ProdExch1
Exchange ID	1
Adapter Name	0.3
Destination Type	Multicast
Destination	1
Produced Period	200
Reply Rate	0
Send Type	Always
Run Mode Store Enabled	False

Inspector

图 4-30 设置“Produced Exchange”参数

(3)双击图 4-31 中的“ProdExch1”子项,弹出“ProdExch1”对话框,单击“Add”按钮添加一组数字量输入数据,本工程以“Target1”的 IC694ACC300 模块的输入数据为例,起始地址设置为“%I00081”,长度为“16 BIT”,如图 4-32 所示。

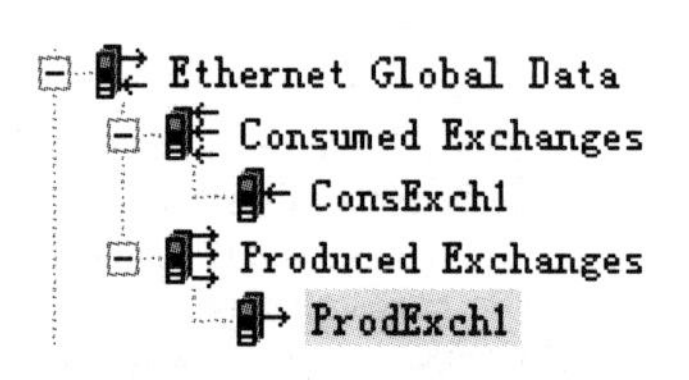

图 4-31 EGD 配置完成

InfoViewer | ProdExch1

Add | Insert | Delete | Length (Bytes): 2

Offset (Byte.Bit)	Variable	Ref Address	Ignore	Length	Type
Status		%I00097	False	16	BIT
0.0		%I00081	N/A	16	BIT

图 4-32 输出数据的地址和长度

2. 对“Target2”进行 EGD 配置

(1)在“ConsExch1”子项的“Inspector”对话框(图 4-33)中,“Producer ID”栏输入发送方 ID(如“192.168.1.5”),“Group ID”栏设置为“1”,“Exchange ID”栏设置为“1”,“Adapter

Name”栏设置为“0.3”。

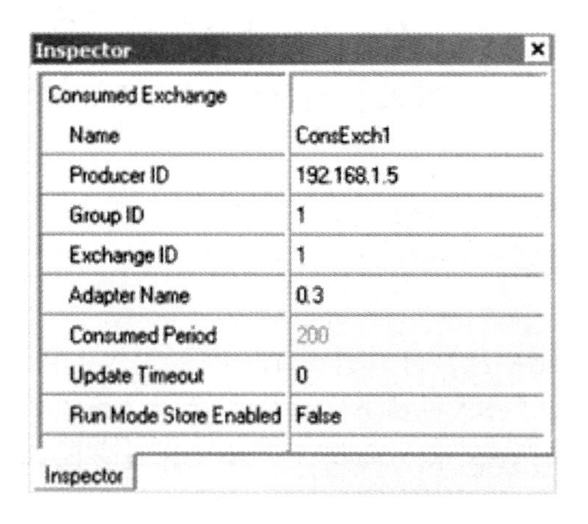

图4-33　设置“Consumed Exchange”参数

(2)双击“ConsExch1”子项,弹出“ConsExch1”对话框,单击“Add”按钮添加一组数字量数据,接收数据存放在“Target2”起始地址为“%I00097”的内存中,长度为“16 BIT”,如图4-34所示。

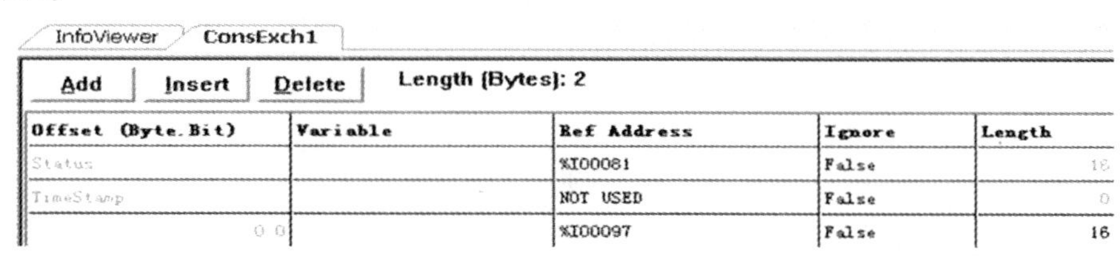

图4-34　接收数据的地址和长度

3. 对“Target3”进行EGD配置

(1)“ConsExch1”的属性设置同“Target2”。

(2)接收数据存放在“Target3”的添加过程同“Target2”。

4. 对“Target4”进行EGD配置

(1)“ConsExch1”的属性设置同“Target2”。

(2)接收数据存放在“Target4”的添加过程同“Target2”。

4.2.4　下载调试

编译、下载、调试过程同项目3。下载前,一定注意当前控制对象是否为有效活动模式。

项目 5　基于 EtherNet 总线的交通灯控制系统设计

5.1　控制原理

交通灯在人们日常生活中经常可以遇到，图 5-1 所示为十字路口交通灯自动控制工作时序图。系统上电复位后，工作人员按下启动开关，南北方向红灯亮 20 s，东西方向绿灯亮 16 s 后、黄灯亮 4 s；然后切换成东西方向红灯亮 20 s，南北方向绿灯亮 16 s 后、黄灯亮 4 s，依此循环。工作人员按下停止开关所有信号灯关闭。

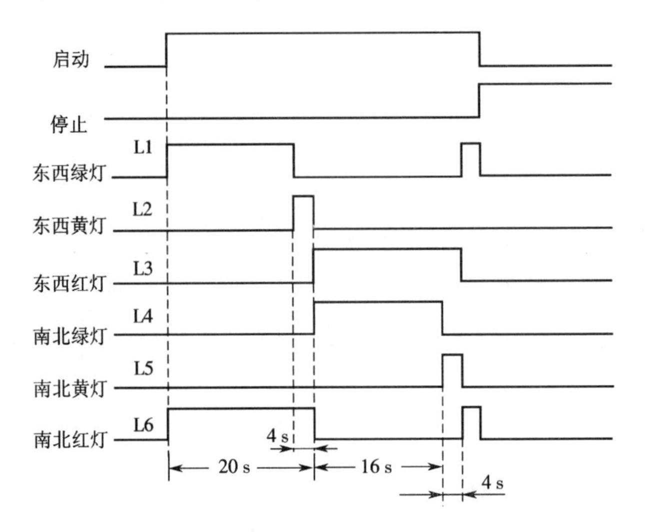

图 5-1　十字路口交通灯自动控制工作时序图

控制系统分析：输入量有 2 个，分别为启动开关 SB1 和停止开关 SB2；输出量有 6 个，分别为东西和南北方向黄、绿、红信号灯。控制单元由 PACSystems™ RX3i 系统和基于 EtherNet 总线的 VersaMax 远程 I/O 组成。系统结构如图 5-2 所示。

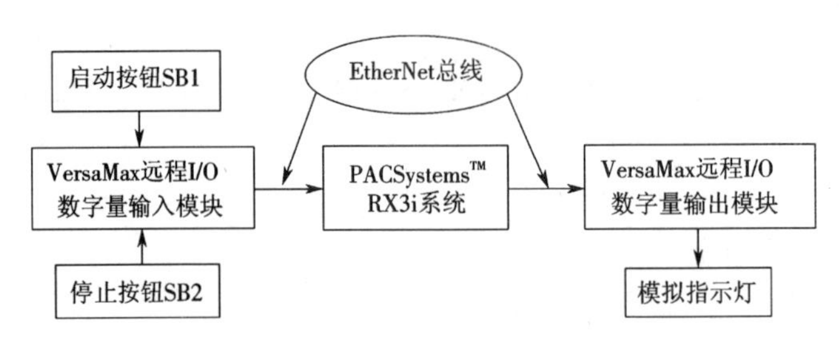

图 5-2　系统结构框图

5.2　硬件设计

5.2.1　系统构成

PC 机、PAC 和 VersaMax 远程 I/O 组成的网络如图 5-3 所示。

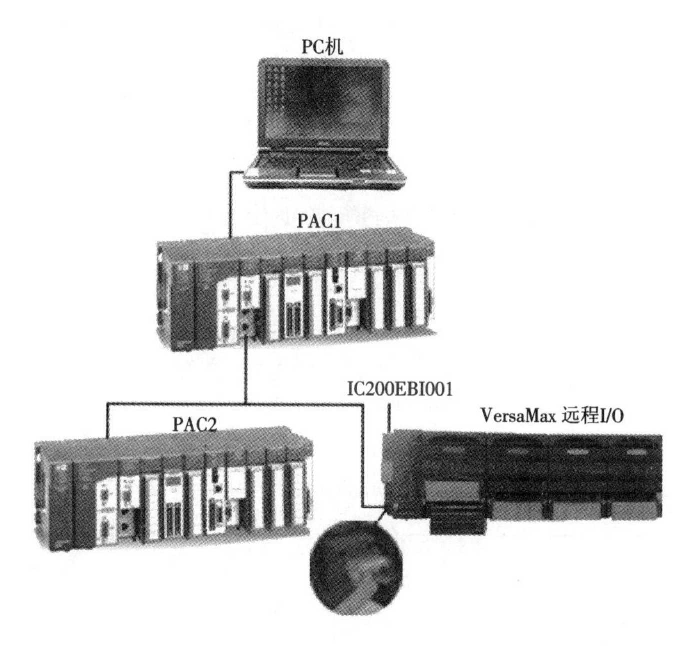

图 5-3　系统构成图

VersaMax 远程 I/O 主要由 NIU 模块、电源模块、I/O 模块等组成。如图 1-1 所示从左到右模块依次是电源模块(IC200PWR002D)、NIU 模块(IC200PBI001)、数字量输入模块(IC200MDL640)、数字量输出模块(IC200MDL740)、模拟量输入模块(IC200ALG264)、模拟量输出模块(IC200ALG326)。电源模块安装在 NIU 模块上,I/O 模块都安装在底座(IC200CHS002)上。

IC200EBI001 模块承担 EtherNet NIU 职能,连接 PACSystems™ RX3i 系统与 VersaMax I/O 模块。IC200EBI001 集成有 EtherNet I/O Controller,支持冗余电源、热插拔、自诊断等功能。打开 IC200EBI001 模块上的保护盖,使用 2.38 mm(3/32 in)一字改锥调整旋转开关的位置可以设置 IP 地址的最后一段。例如:IP 地址“192.168.1.8”,将对应节点地址“X100”“X10”和“X1”的开关设置成“0”“0”“8”。

5.2.2　I/O 接线

I/O 接线如图 5-4 所示。

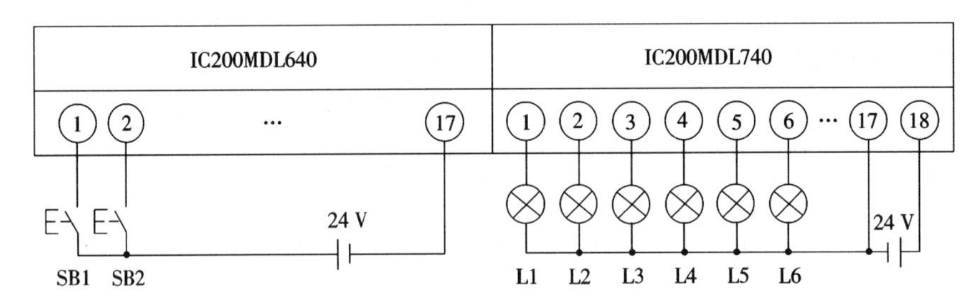

图 5-4　I/O 接线图

5.3　创建工程

工程是基于 EGD 协议的单播技术进行数据传输，工程创建步骤略。PC 机（运行 PME 软件）、PAC1（PACSystems™ RX3i 系统）和 VersaMax 远程 I/O 的 IP 地址分配见表 5-1。

表 5-1　IP 地址分配一览表

设备名称	IP 地址
PC 机	192. 168. 1. 3
PAC1（PACSystems™ RX3i 系统）	192. 168. 1. 4
VersaMax 远程 I/O（IC200EBI001）	192. 168. 1. 8

5.4　硬件组态

1. PACSystems™ RX3i 系统的硬件组态

（1）新建工程“Ethernet”，添加 PAC 为控制对象“Target1”。

（2）电源模块、CPU 模块、ETM001 模块的配置参照项目 3。

（3）EGD 的添加配置参照项目 4.

（4）EGD 接收数据的配置。添加输入数据报头“32 BIT”、数字量输入数据“16 BIT”；还可以添加模拟量输入数据“15 WORD”作为工程扩展用，如图 5-5 所示。从 VersaMax 远程 I/O 发过来的数字量数据将存放到起始地址为“%I00153”的内存中，模拟量数据将存放到起始地址为“%AI0001”的内存中。

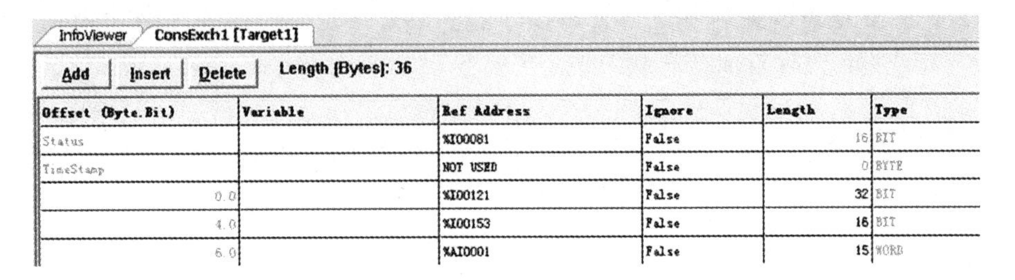

Offset (Byte.Bit)	Variable	Ref Address	Ignore	Length	Type
Status		%I00081	False	16	BIT
TimeStamp		NOT USED	False	0	BYTE
0.0		%I00121	False	32	BIT
4.0		%I00153	False	16	BIT
6.0		%AI0001	False	15	WORD

图 5-5　“ConsExch1”选项卡

(5)EGD 发送数据的配置。添加输出数据报头“32 BIT”、数字量输出数据“16 BIT”(与数字量输出模块相对应),还可以添加模拟量输出数据“8 WORD”(与模拟量输出模块相对应)作为工程扩展用,如图 5-6 所示。PACSystems™ RX3i 系统将把内存中起始地址为“%Q00201”的“16 BIT”数据和起始地址为“%AQ0001”的“8 WORD”数据通过 VersaMax 远程 I/O 发送出去。

InfoViewer　ProdExch1 [Target1]

Add　Insert　Delete　Length (Bytes): 22

Offset (Byte.Bit)	Variable	Ref Address	Ignore	Length	Type
Status		%I00097	False	16	BIT
0.0		%Q00169	N/A	32	BIT
4.0		%Q00201	N/A	16	BIT
6.0		%AQ0001	N/A	8	WORD

图 5-6　“ProdExch1”选项卡

2. VersaMax 远程 I/O 配置

(1)右键单击工程名“Ethernet”,依次单击“Add Target”→“GE Intelligent Platforms Controller”→“VersaMax Ethernet”命令,添加控制对象“Target2”,如图 5-7 所示。

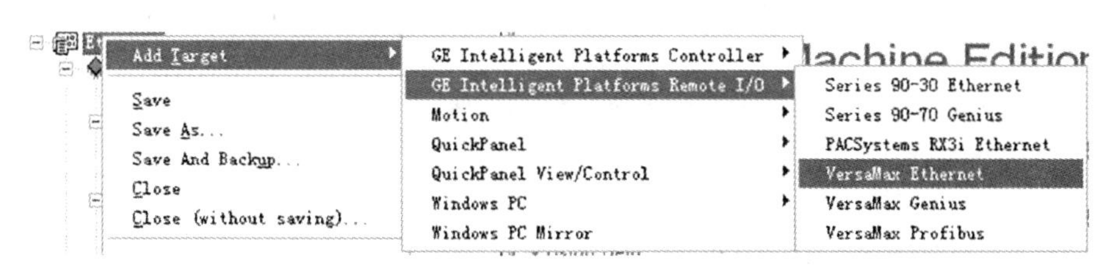

图 5-7　添加“VersaMax Ethernet”控制对象

(2)右键单击“Main Rack”项,在弹出的菜单中单击“Add Carrier/Base”命令添加底座,如图 5-8 所示。添加过程详见项目 3。

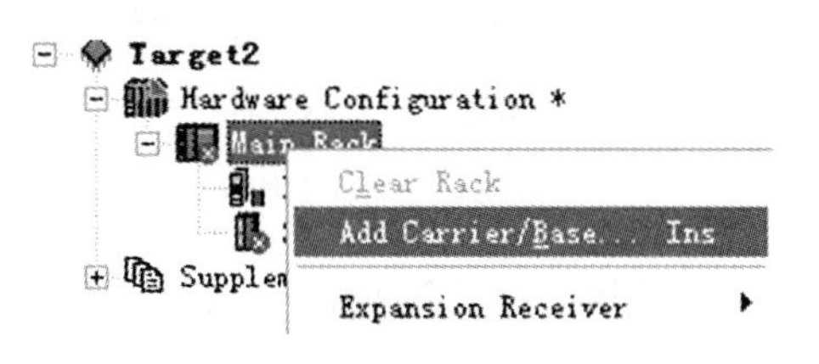

图 5-8　选择“Add Carrier/Base”命令

(3)右键单击“Slot 1”项,在弹出的菜单中单击“Add Module”命令添加模块,如图 5-9 所示。添加过程详见项目 3。模块配置列表如图 5-10 所示。

(4)双击“Slot 0”项打开参数设置表,单击“Network”选项卡,输入 IC200EBI001 模块的 IP 地址和子网掩码,如将“IP Address”和“Subnet Mask”选项分别设为“192.168.1.8”和“255.255.255.0”,将“Mode”项设置为“EGD”,如图 5-11 所示。

(5)单击“Produced Exchange”选项卡,在“Consumer IP Address”项中输入接收方的 IP 地址(如“192.168.1.4”),如图 5-12 所示。

图 5-9　选择“Add Module”命令

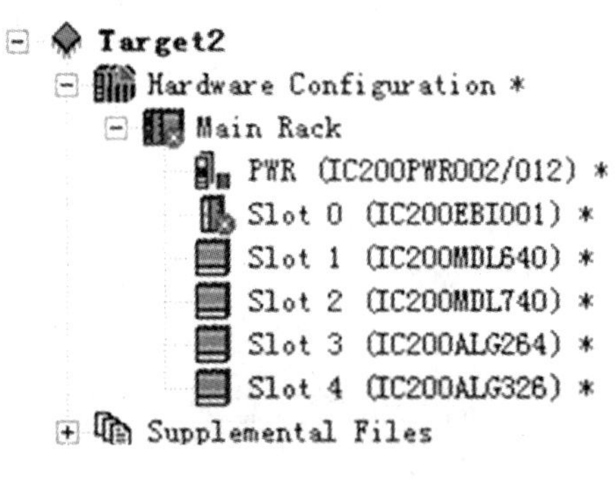

图 5-10　模块配置列表

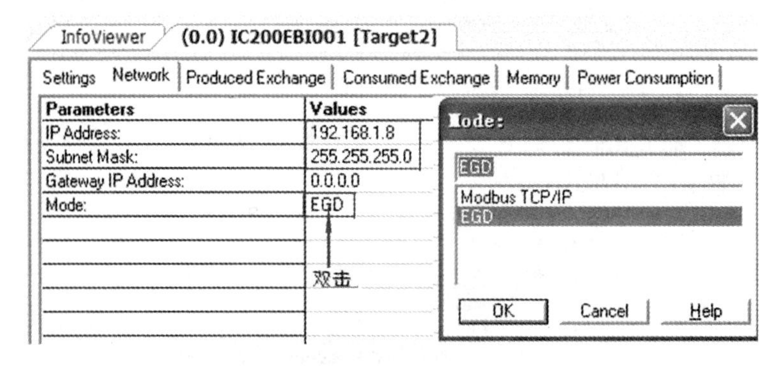

图 5-11　“Network”选项卡

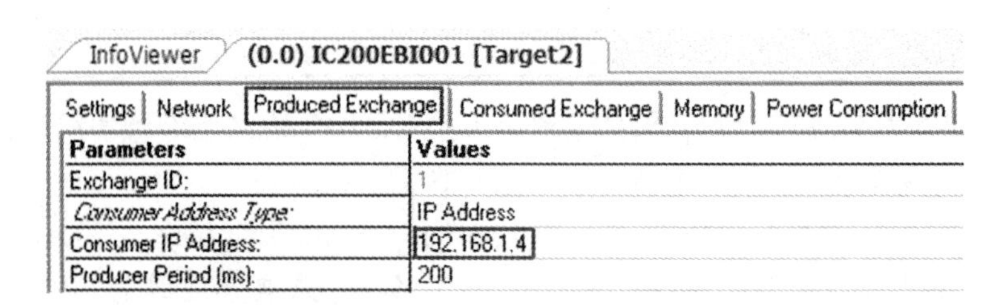

图 5-12　“Produced Exchange”选项卡

(6)单击“Consumed Exchange”选项卡打开信息框,如图 5-13 所示。“Producer ID”项输入发送 ID 号(如“192. 168. 1. 4”),“Exchange ID”项输入交换 ID 号(如“2”)。由于是单播

发送,“Group ID”项设为“0”。

InfoViewer　(0.0) IC200EBI001 [Target2]

Settings | Network | Produced Exchange | Consumed Exchange | Memory | Power Consumption

Parameters	Values
Exchange ID:	2
Producer ID:	192.168.1.4
Group ID:	0
Consumed Period (ms):	200
Update Timeout (ms):	2000

图 5-13　“Consumed Exchange”信息窗口

(7)“Target2”硬件组态完成后如图 5-14 所示。

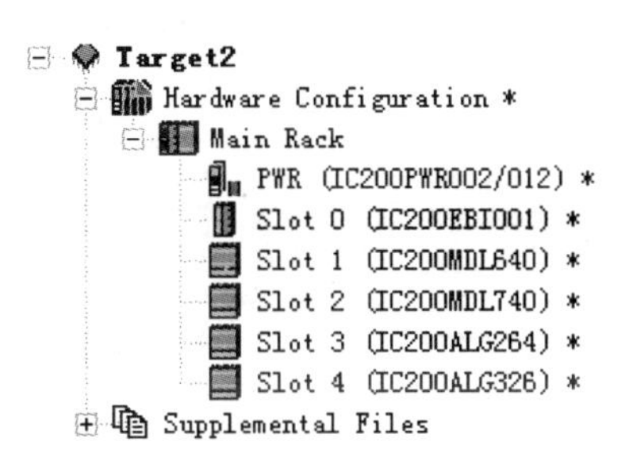

图 5-14　“Target2”硬件组态列表

5.5　I/O 地址分配

5.5.1　模块地址分配

单击控制对象“Target1”的“ConsExch1”选项卡、“ProdExch1”选项卡查看数字量和模拟量的地址如图 5-5 和图 5-6 所示。

5.5.2　输入、输出信号地址分配

I/O 地址分配见表 5-2。

表 5-2　I/O 地址分配

输入			输出		
I/O 名称	I/O 地址	功能说明	I/O 名称	I/O 地址	功能说明
I153	%I00153	启动按钮 SB1	Q201	%Q00201	东西向绿灯 L1
I154	%I00154	停止按钮 SB2	Q202	%Q00202	东西向黄灯 L2
			Q203	%Q00203	东西向红灯 L3
			Q204	%Q00204	南北向绿灯 L4
			Q205	%Q00205	南北向黄灯 L5
			Q206	%Q00206	南北向红灯 L6

5.6 软件设计

梯形图程序如图 5-15 所示。

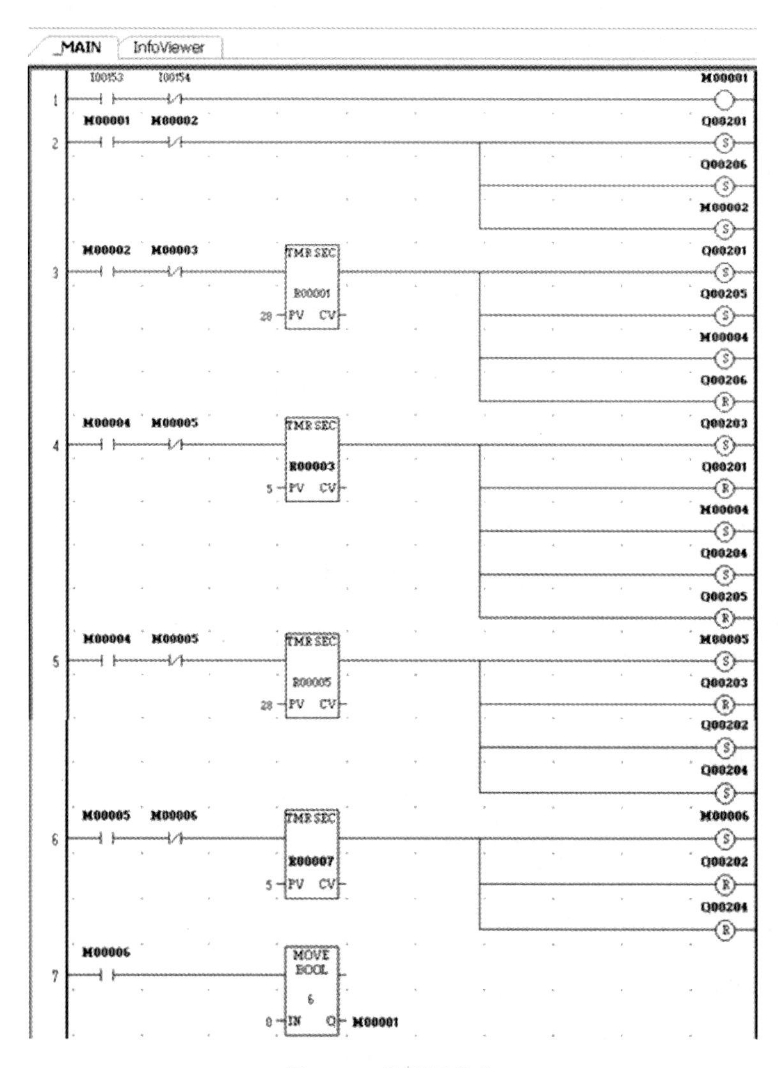

图 5-15　梯形图程序

5.7 下载调试

1. 控制对象“Target2”编译下载

(1)右键单击工程目录树中的“Target2”,在弹出的菜单中选择“Properties”命令打开“Inspector”信息框。在“Inspector”信息框“Physical Port”项下拉列表中选择通信端口(如“ETHERNET”),“IP Address”项输入 IP 地址(如“192. 168. 1. 8”),如图 5-16 所示。

图 5-16　“Inspector”信息框

(2)右键单击工程目录树中的“Target2”,在弹出的菜单中选择“Set as Active Target”项,设置“Target 2”为有效活动模式。单击图标下载“Target2”的配置信息。

2. 控制对象“Target1”软硬件信息的编译下载

(1)右键单击工程目录树中的控制对象“Target1”,在弹出的菜单中选择“Set as Active Target”项,设置“Target1”为有效活动模式。

(2)编译、下载步骤详见项目3。

3. 调试

调试步骤略。

5.8　任务拓展

本任务在 PAC1 的“Consumed Exchanges”数据包中增加“ConsExch1”和“ConsExch2”两个接收数据组,在“Produced Exchanges”数据包中增加“ProdExch1”和“ProdExch2”两个发送数据组,它们承担的任务不一样,发送、接收数据也互不影响。“ConsExch1”和“ProdExch1”数据组负责与 VersaMax 远程 I/O 通信;“ConsExch2”和“ProdExch2”数据组负责与 PAC2 进行通信,硬件接线如图 5-3 所示。

5.8.1　IP 地址设置

局域网内的 IP 地址分配见表 5-3。

表 5-3　IP 地址分配一览表

设备名称	IP 地址
PC 机	192.168.1.3
PAC1	192.168.1.4
PAC2	192.168.1.5
VersaMax 远程 I/O(IC200EBI001)	192.168.1.8

5.8.2 硬件组态

（1）在工程中添加控制对象“Target3”，图 5-3 中的 PAC2 与之相对应。

（2）在控制对象“Target1”中添加“ConsExch2”和“ProdExch2”数据组，负责与“Target3”进行通信，如图 5-17 所示。

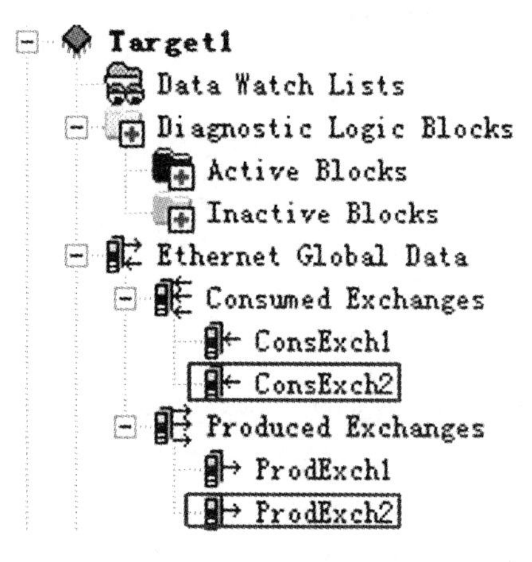

图 5-17　添加数据传递通道

（2）双击图 5-17 中的“ConsExch2”，单击“Add”增加数字量输入数据，长度为“16 BIT”，如图 5-18 所示。

InfoViewer　ConsExch2 [Target1]

Add　Insert　Delete　Length (Bytes): 2

Offset (Byte.Bit)	Variable	Ref Address	Ignore	Length	Type
Status		%I00161	False	16	BIT
TimeStamp		NOT USED	False	0	BYTE
0.0		%I00193	False	16	BIT

图 5-18　“ConsExch2”窗口

（4）双击图 5-17 中的“ProdExch2”，单击“Add”增加数字量输出数据，长度“16 BIT”，如图 5-19 所示。

InfoViewer　ProdExch2 [Target1]

Add　Insert　Delete　Length (Bytes): 2

Offset (Byte.Bit)	Variable	Ref Address	Ignore	Length	Type
Status		%I00177	False	16	BIT
0.0		%I00209	N/A	16	BIT

图 5-19　“ProdExch2”窗口

（5）“ConsExch2”和“ProdExch2”的属性设置参照项目 4。

（6）控制对象“Target3”中的 EGD 配置和属性设置参照项目 4。

5.8.3 下载调试

下载调试过程略。

项目6　基于PROFIBUS总线的广告灯控制系统设计

6.1　控制原理

广告灯控制时序如图6-1所示。按下启停按钮SB1,移位指令使8个输出指示灯从低到高依次亮,当8个指示灯全亮后再从低至高依次灭,如此反复运行。控制单元由PACSystems™ RX3i系统和基于PROFIBUS总线的VersaMax远程I/O组成,系统框图如图6-2所示。

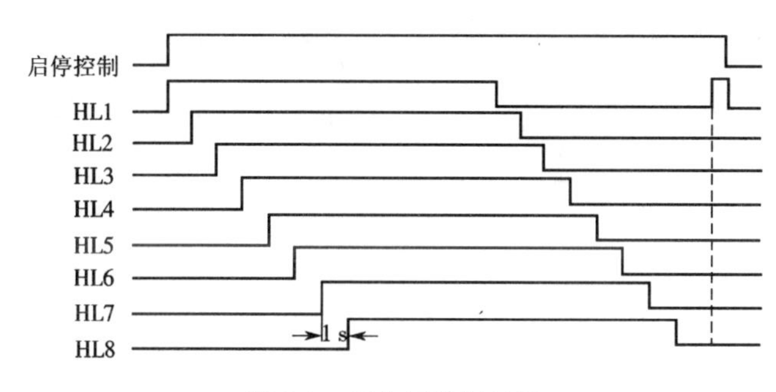

图6-1　广告灯控制时序

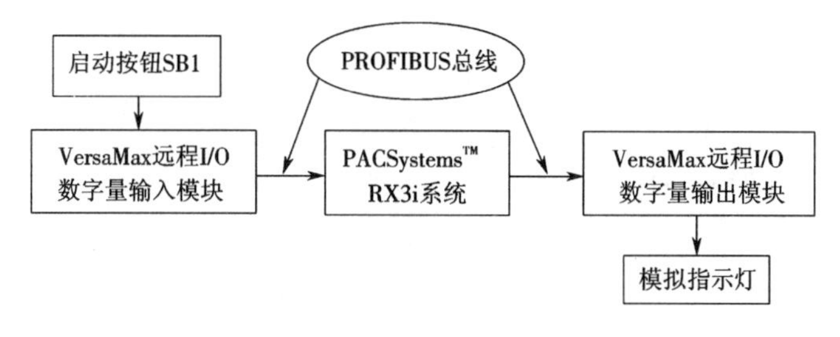

图6-2　系统框图

6.2　硬件设计

6.2.1　系统构成

系统由PC机、PAC1(PACSystems™ RX3i系统)和基于PROFIBUS总线的VersaMax远程I/O等构成,如图6-3所示。

1. IC695PBM300模块

PROFIBUS总线模块IC695PBM300安装在PACSystems™ RX3i系统背板插槽上,负责与远程I/O模块建立通信、传递数据。

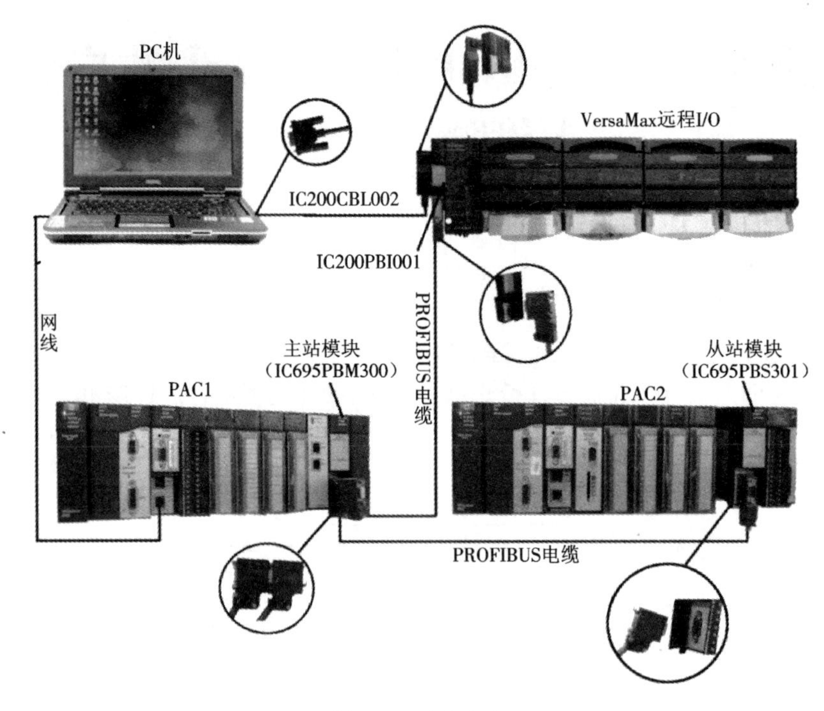

图 6-3　系统构成

2. VersaMax 远程 I/O

VersaMax 远程 I/O 如图 1-1 所示，从左到右依次是电源模块（IC200PWR002D）、NIU 模块（IC200PBI001）、数字量输入模块（IC200MDL640）、数字量输出模块（IC200MDL740）、模拟量输入模块（IC200ALG264）、模拟量输出模块（IC200ALG326）。电源模块安装在 NIU 模块上，I/O 模块都安装在底座（IC200CHS002）上。

IC200PBI001 承担 PROFIBUS NIU 职能，连接 PACSystems™ RX3i 系统与 VersaMax I/O 模块。IC200PBI001 模块集成有 PROFIBUS I/O Controller，支持热插拔、自诊断等功能，打开模块上的保护盖，使用 2.38 mm（3/32 in）一字改锥调整旋转开关的位置设置站号。

6.2.2　I/O 接线

I/O 接线如图 6-4 所示。

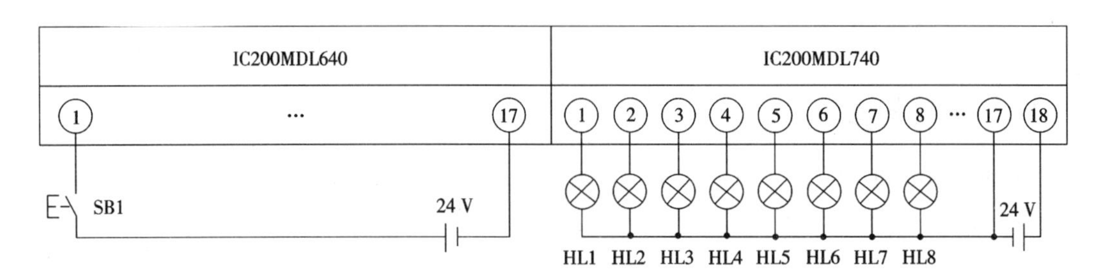

图 6-4　I/O 接线图

6.3　创建工程

工程创建步骤略。PC 机(运行 PME 软件)、PAC1(PACSystems™ RX3i 系统)的 IP 地址分配见表 6-1。

表 6-1　IP 地址分配

设备名称	IP 地址
PC 机	192.168.1.3
PAC1(PACSystems™ RX3i 系统)	192.168.1.4

6.4　硬件组态

1. PAC1 的硬件组态

(1)新建工程“Profibus”,并添加控制对象“Target1”,图 6-3 中的 PAC1 与之相对应。

(2)电源模块、CPU 模块和以太网模块等配置略。

(3)右键单击图 3-12 的“Slot 10”,在弹出的菜单中选择“Add Module”命令打开“Catalog”对话框,单击“Bus Controller”选项卡,选择“IC695PBM300”项,单击“OK”按钮确认,如图 6-5 所示。

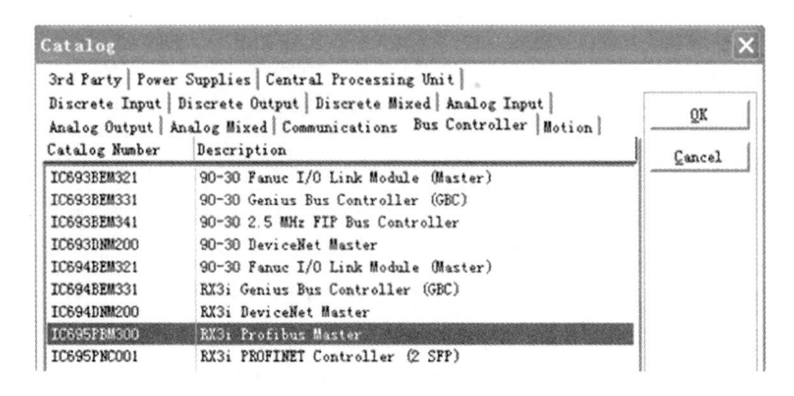

图 6-5　选择“IC695PBM300”模块

(4)右键单击图 6-5 中的“Slot 10”,在弹出的菜单中选择“Add Slave”命令打开“Slave Catalog”对话框,选择“VersaMax NIU(SW:C HW:V2 _ 20)”项,单击“OK”按钮打开从站属性对话框,如图 6-6 所示。

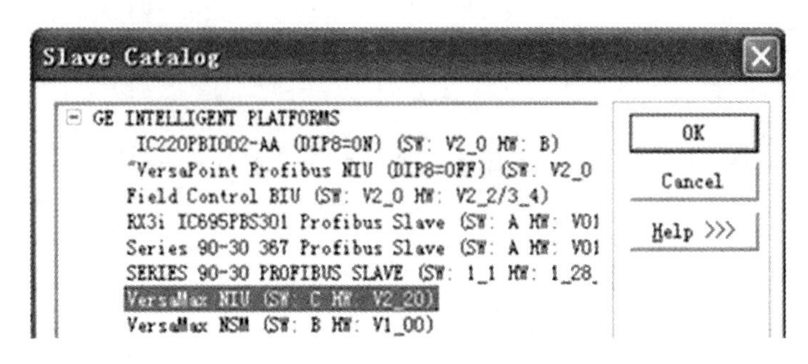

图 6-6　从站类型选择

(5)在图 6-7 所示从站“Station1”的属性对话框中,单击“General”选项卡设置从站号(如“2”)。相应的 IC200PBI001 模块上设置从站号的“X100”“X10”和“X1”的开关也要设置成“0”“0”“2”。

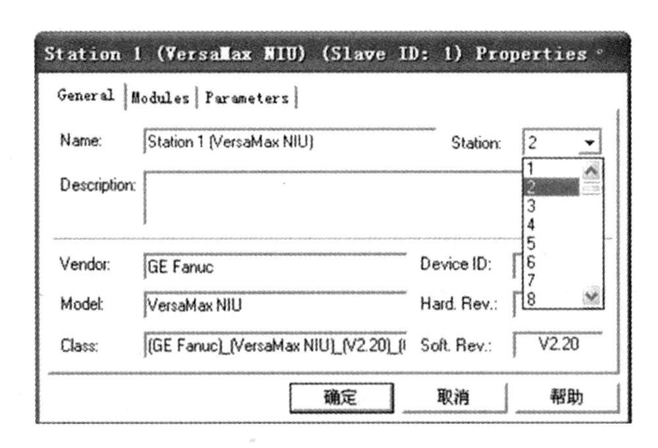

图 6-7　“Station 1”属性对话框

(6)单击图 6-7 中的“Modules”选项卡配置从站模块类型如图 6-8 所示,配置顺序是依据从站硬件装配顺序进行的。以图 1-1 所示的 VersaMax 远程 I/O 为例进行描述。单击“Add”按钮弹出模块类型列表如图 6-9 所示。在模块类型列表中选择“VersaMax Profibus NIU”项,单击“OK”按钮确认;再次单击“Add”按钮,选择“16pt In”项,单击“OK”按钮确认;重复上述步骤,依次添加“16pt Out”“15ch Analog In”“8ch Analog Out”等。模块类型添加完成后如图 6-10 所示。单击“确定”按钮返回,从站配置如图 6-11 所示。

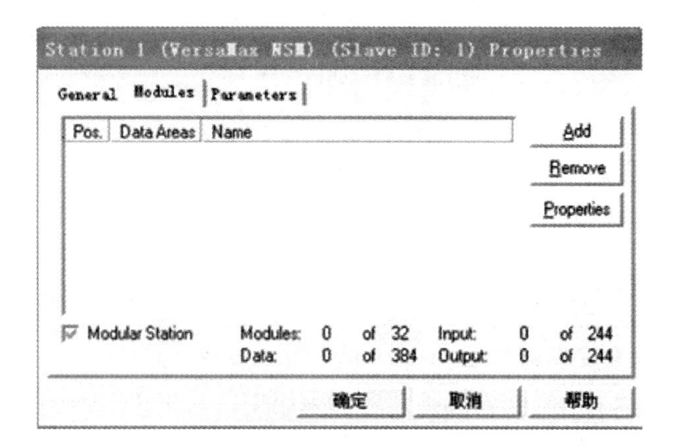

图 6-8　“Modules”选项卡

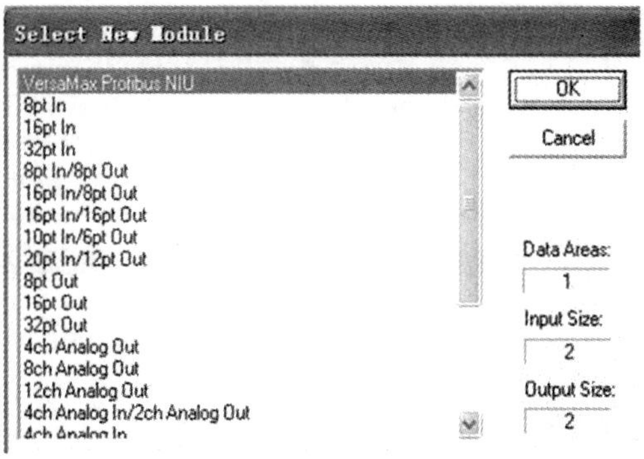

Select New Module

VersaMax Profibus NIU
8pt In
16pt In
32pt In
8pt In/8pt Out
16pt In/8pt Out
16pt In/16pt Out
10pt In/6pt Out
20pt In/12pt Out
8pt Out
16pt Out
32pt Out
4ch Analog Out
8ch Analog Out
12ch Analog Out
4ch Analog In/2ch Analog Out
4ch Analog In

OK
Cancel
Data Areas: 1
Input Size: 2
Output Size: 2

图 6-9　“Select New Module”对话框

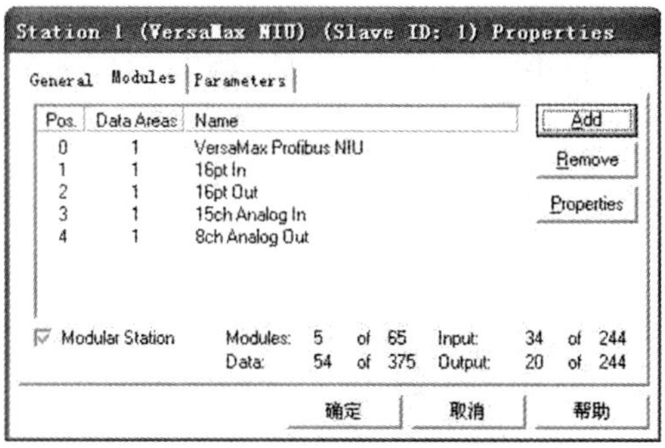

Station 1 (VersaMax NIU) (Slave ID: 1) Properties

General　Modules　Parameters

Pos.	Data Areas	Name
0	1	VersaMax Profibus NIU
1	1	16pt In
2	1	16pt Out
3	1	15ch Analog In
4	1	8ch Analog Out

Add
Remove
Properties

Modular Station　Modules: 5 of 65　Input: 34 of 244
Data: 54 of 375　Output: 20 of 244

确定　取消　帮助

图 6-10　模块类型顺序图

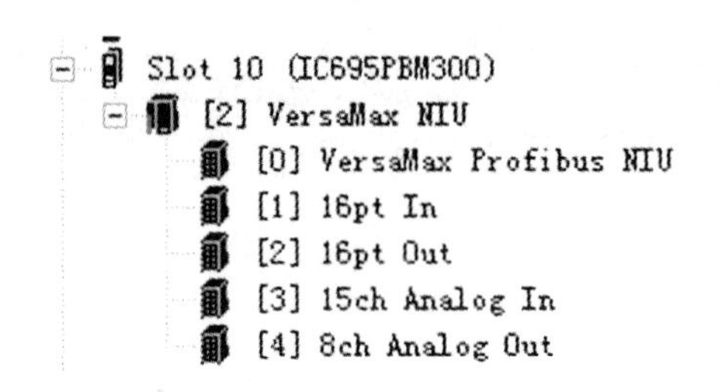

图 6-11 从站配置效果图

2. VersaMax 远程 I/O 模块配置

(1)右键单击工程名"Profibus",在弹出的菜单中依次单击"Add Target"→"GE Intelligent Platforms Remote I/O"→"VersaMax Profibus"命令,添加控制对象"Target2",如图 6-12 所示。

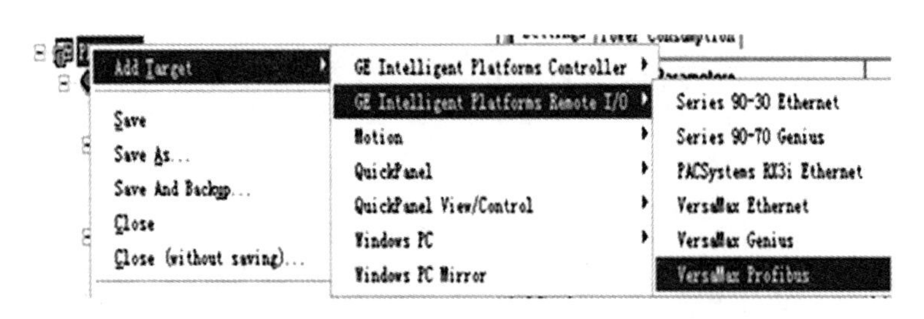

图 6-12 添加"VersaMax Profibus"控制对象

(2)展开控制对象"Target2"下"Hardware Configuration"项的"Main Rack"子项,右键单击"Main Rack"项,在弹出的菜单中选择"Add Carrier/Base"命令添加底座(IC200CHS002),右键单击"Slot 1 ",在弹出的菜单中选择"Add Module"命令,添加模块。具体添加过程参见项目 3。添加后模块列表如图 6-13 所示。

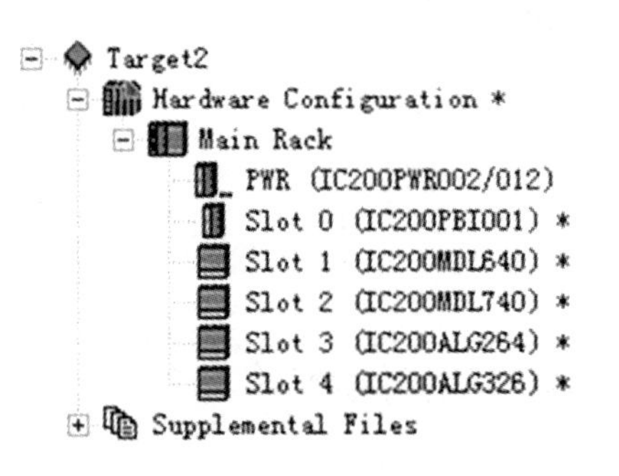

图 6-13 模块列表

6.5 I/O 地址分配

6.5.1 模块地址分配

(1)双击图 6-11 中的"Target1"目录下"Slot 10"的子项"[1] 16pt In"查看 VersaMax 远

程 I/O 数字量输入模块地址，如图 6-14 所示。

InfoViewer　(0.10.2.1) 16pt In [Target1]

Data Areas

Area	Type	Ref Address	Length
1	Digital In	%I00225	16

图 6-14　数字量输入模块地址

(2)双击图 6-11 中的“Slot 10”的子项“[2] 16pt Out”查看 VersaMax 远程 I/O 数字量模块输出地址，如图6-15所示。

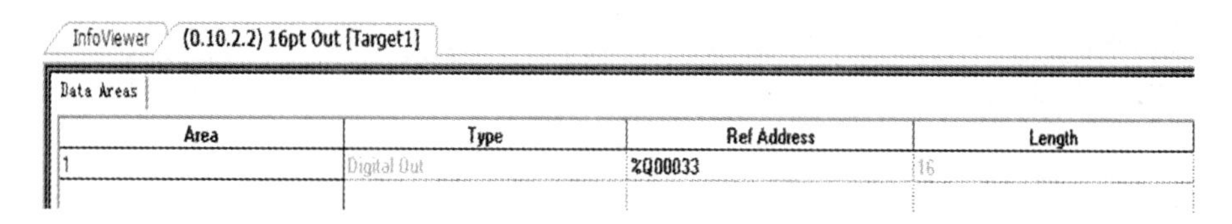

图 6-15　数字量输出模块地址

6.5.2　输入、输出地址分配

I/O 地址分配见表 6-2。

表 6-2　I/O 地址分配

输入			输出		
I/O 名称	I/O 地址	功能说明	I/O 名称	I/O 地址	功能说明
I225	%I00225	启停按钮	Q33	%Q00033	指示灯 1(HL1)
			Q34	%Q00034	指示灯 2(HL2)
			Q35	%Q00035	指示灯 3(HL3)
			Q36	%Q00036	指示灯 4(HL4)
			Q37	%Q00037	指示灯 5(HL5)
			Q38	%Q00038	指示灯 6(HL6)
			Q39	%Q00039	指示灯 7(HL7)
			Q40	%Q00040	指示灯 8(HL8)

6.6　软件设计

梯形图程序如图 6-16 所示。

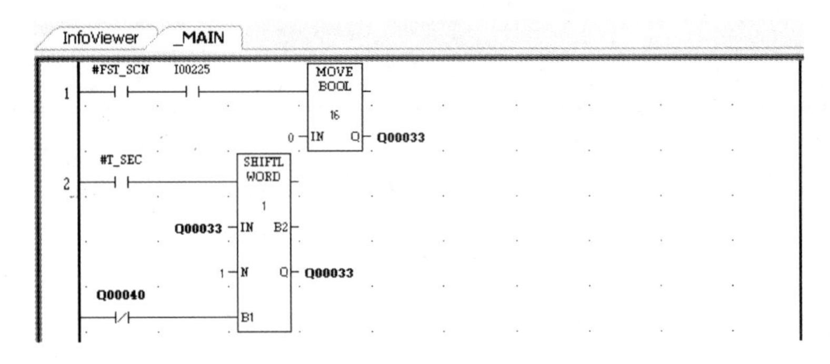

图 6-16　梯形图程序

6.7　下载调试

1. 控制对象"Target2"组态信息编译下载

(1)右键单击工程目录树中控制对象"Target2",在弹出的菜单中选择"Properties"命令,打开"Inspector"信息框,在该对话框中"Physical Port"项的下拉列表中选择通信端口,如选择"COM3",如图 6-17 所示。

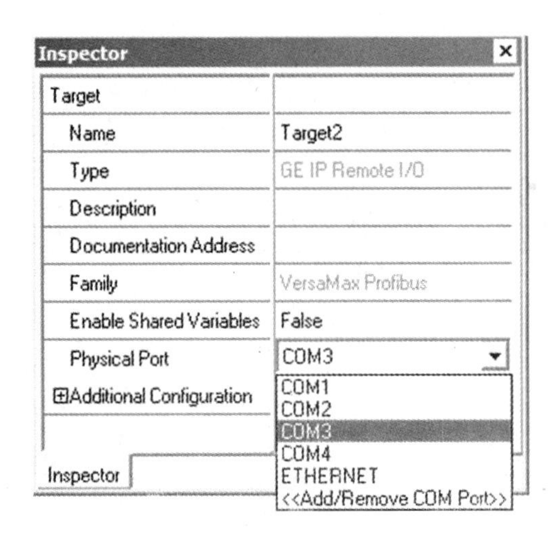

图 6-17　"Inspector"信息框

(2)设"Target2"为有效活动模式,具体过程参见项目 5,单击下载"Target2"配置信息。配置信息是通过专用电缆 IC200CBL002 下载,下载前注意电缆接线。

2. 控制对象"Target1"组态信息编译下载

(1)设"Target1"为有效活动模式,具体过程参见项目 5。

(2)编译、下载硬件配置信息的详细步骤详见项目 2。

3. 调试

调试步骤略。

6.8 任务拓展一

任务描述:基于 PROFIBUS 总线实现两台 PACSystems™ RX3i 系统之间主从通信。主站 PAC1 系统安装“PBM300 Profibus Master”模块;从站 PAC2 系统安装“PBS301 Profibus Slave”模块。主站 PAC1 系统数字量数据传递到从站 PAC2 系统中,参与从站 PAC2 系统的运算。

6.8.1 系统构成

系统由 PC 机、主站 PAC1 和从站 PAC2 构成,如图 6-3 所示。IP 地址分配见表 6-3。

表 6-3 IP 地址分配

设备名称	IP 地址
PC 机	192. 168. 1. 3
主站 PAC1	192. 168. 1. 4
从站 PAC2	192. 168. 1. 5

6.8.2 创建工程

工程创建步骤略。

6.8.3 硬件组态

(1)添加主站 PAC1 为控制对象“Target1”。

(2)在“Target1”中添加 PBM (IC695PBM300)模块和数字量输入模块(IC694ACC300)。数字量输入模块(IC694ACC300)的地址如图 6-18 所示。

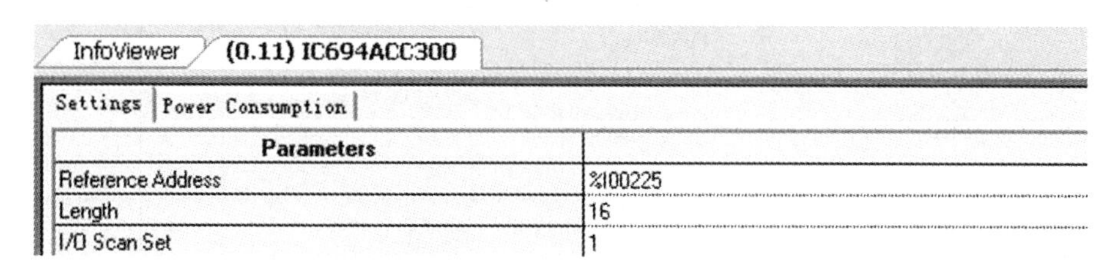

图 6-18 查看“IC694ACC300”

(3)右键单击图 6-11 中的“PBM (IC695PBM300)”模块,在弹出的菜单中选择“Add Slave”命令,打开相应对话框配置从站数据。

①在“Slave Catalog”对话框中选择“RX3i IC695PBS301 Profibus Slave (SW: A HW: V01)”项,单击“OK”按钮确认,如图 6-19 所示。

②打开“Station 1”对话框下的“General”选项卡,选择“Station”项设置站号(如设为“1”),如图 6-20 所示。

Slave Catalog
GE INTELLIGENT PLATFORMS
IC220PBI002-AA (DIP8=ON) (SW: V2_0 HW: B)
"VersaPoint Profibus NIU (DIP8=OFF) (SW: V2_0
Field Control BIU (SW: V2_0 HW: V2_2/3_4)
RX3i IC695PBS301 Profibus Slave (SW: A HW: V01
Series 90-30 367 Profibus Slave (SW: A HW: V01
SERIES 90-30 PROFIBUS SLAVE (SW: 1_1 HW: 1_28
OK
Cancel
Help >>>

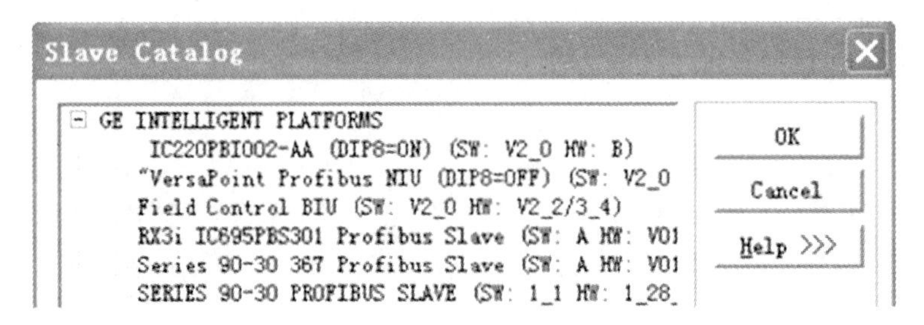

图 6-19　选择从站类型

Station 1 (RX3i IC695PBS301 Profibus Slave) (Slav...
General
Modules
Parameters
Name:
tation 1 (RX3i IC695PBS301 Profibus Slave)
Station:
1
Description:
Vendor:
GE FANUC AUTOMATION
Device ID:
0x0933
Model:
RX3i IC695PBS301 Profibus Slave
Hard. Rev.:
A
Class:
(GE FANUC AUTOMATION)_(RX3i IC6
Soft. Rev.:
V01.000
确定
取消
帮助

图 6-20　"Station 1"对话框

③打开"Station1"对话框下的"Modules"选项卡，单击"Add"按钮添加从站输入、输出信息(如添加"2 byte input""2 byte output")，如图 6-21 所示。添加完成后单击"确定"按钮，效果如图 6-22 所示。

Station 1 (RX3i IC695PBS301 Profibus Slave) (Slav...
General
Modules
Parameters
Pos. Data Areas Name
0 1 2 byte input (0x11)
1 1 2 byte output (0x21)
Add
Remove
Properties
Modular Station
Modules: 2 of 24
Data: 4 of 488
Input: 2 of 244
Output: 2 of 244
确定
取消
帮助

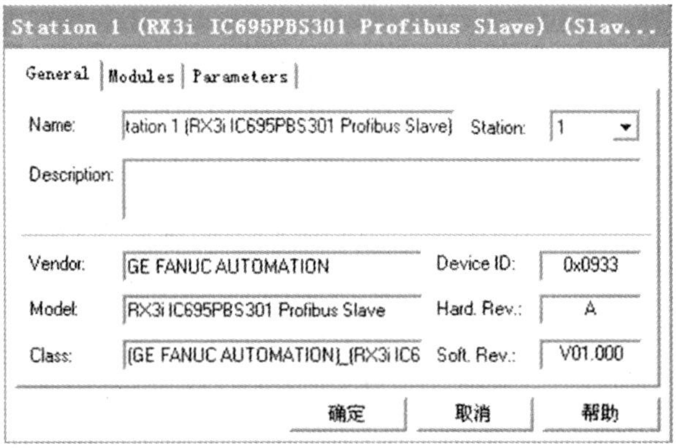

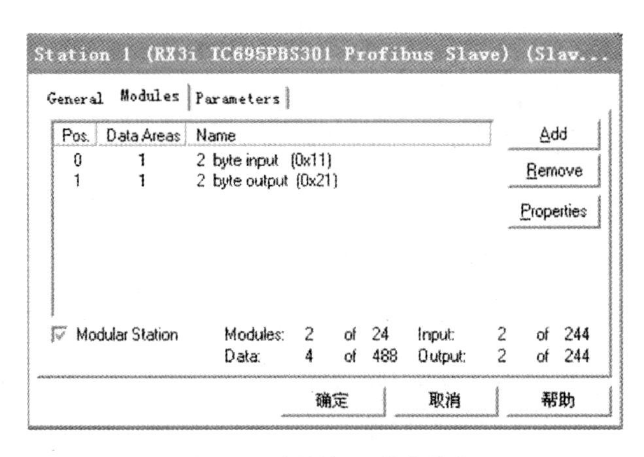

图 6-21　从站输入、输出信息

```
Slot 10 (IC695PBM300)
  [1] RX3i IC695PBS301 Profibus Slave
    [0] 2 byte input  (0x11)
    [1] 2 byte output (0x21)
```

图 6-22　从站添加后的效果图

④单击图 6-22 中“[0] 2 byte input”项，查看数字量输入地址，如图 6-23 所示。

InfoViewer　(0.10.1.0) 2 byte input (0x11) [Target1]

Data Areas

Area	Type	Ref Address	Length
1	Digital In	%I00241	16

图 6-23　查看数字量输入地址

⑤单击图 6-22 中“[0] 2 byte output”项，查看数字量输出地址，如图 6-24 所示。为了把“Target1”的数字量输入模块(IC694ACC300)的开关状态传递给“Target2”，这里将输出地址修改为数字量输入模块(IC694ACC300)的地址如图 6-25 所示。

InfoViewer　(0.10.1.1) 2 byte output (0x21) [Target1]

Data Areas

Area	Type	Ref Address	Length
1	Digital Out	%Q00065	16

图 6-24　查看数字量输出地址

InfoViewer　(0.10.1.1) 2 byte output (0x21)

Data Areas

Area	Type	Ref Address	Length
1	Digital Out	%I00225	16

图 6-25　修改数字量输出地址

(4)工程添加控制对象“Target2”，图 6-3 中的 PAC2 所之相对应。在“Target2”中添加数字量输出模块(IC694MDL754)，地址如图 6-26 所示；添加“ IC695PBS301 ”模块，如图 6-27 所示。

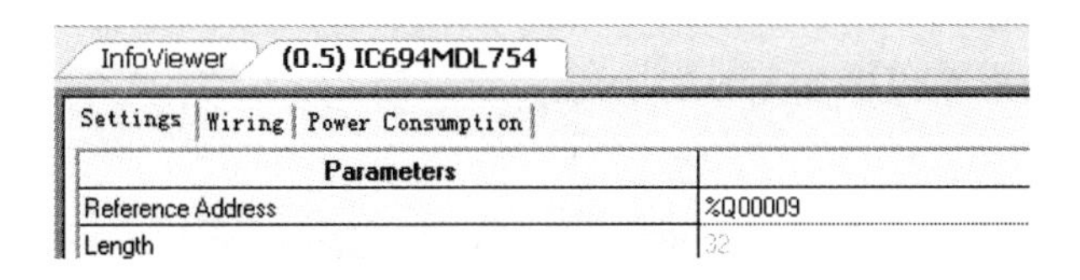

InfoViewer　(0.5) IC694MDL754

Settings | Wiring | Power Consumption

Parameters	
Reference Address	%Q00009
Length	32

图 6-26　“IC694MPL754”信息框

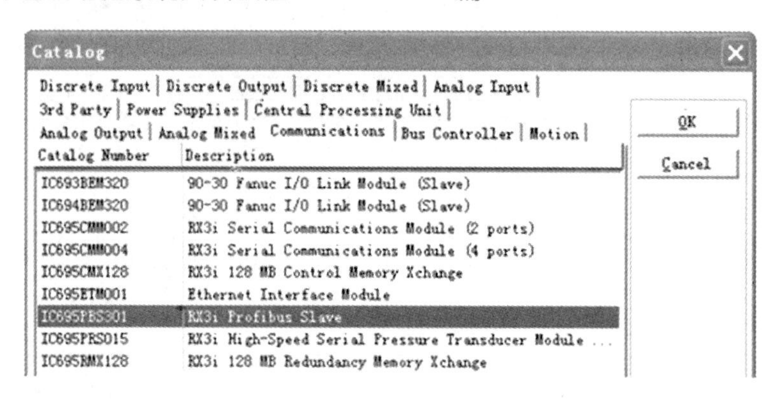

图 6-27　选择从站模块

（5）配置“ IC695PBS301”模块。双击控制对象“Target 2”中的“ IC695PBS301”模块，打开信息配置窗口，单击“Input Data Area”选项卡设置输入数据参数，该输入数据是由“Target1”输出的，所以两者参数要对应起来。如前面“Target 1”输出设为“2 Byte”，所以输入也设为“2 Byte”，如图 6-28 所示。

(0.10) IC695PBS301

Settings | Input Data Area | Output Data Area | Power Consumption

Area	Type	Size	Units	Ref Address
1	Digital In	2	Byte	%I00081
2	Empty	0	Byte	%I00001

图 6-28　“IC695PBS301”输入数据参数

6.8.4　I/O 地址分配

在控制对象“Target2”中编写梯形图程序，所以使用“Target2”的数字量输入、输出地址。I/O 地址分配见表 6-4。

表 6-4　I/O 地址分配

输入			输出		
I/O 名称	I/O 地址	功能说明	I/O 名称	I/O 地址	功能说明
I81	%I00081	启动按钮 SB1	Q9	%Q00009	数字量输出
I82	%I00082	停止按钮 SB2			

6.8.5　程序编写

电机自锁程序梯形图程序如图 6-29 所示。

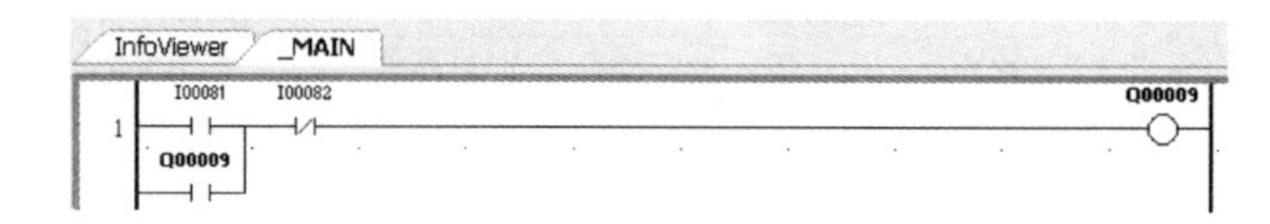

图 6-29　梯形图程序

6.8.6　下载调试

“Target1”“Target2”的相关配置和程序信息的编译、下载过程同项目 3。扳动“Target1”数字量输入模块(IC694ACC300)的开关,观察“Target2”的程序运行状态如图 6-30 所示。

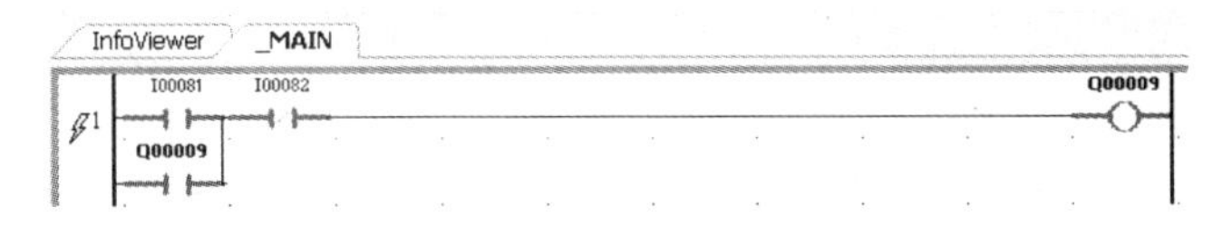

图 6-30　梯形图运行状态

6.9　任务拓展二

本任务的主要目的是实现 PACSystems™ RX3i 系统利用 PROFIBUS 协议控制 MM440 变频器。具体要求是在 PME 软件的监控表中手动输入参数来设置变频器的运行状态。

6.9.1　系统构成

系统由 PC 机、PAC 和西门子 MM440 变频器构成,基于 PROFIBUS 总线实现 PAC 和变频器之间主从的通信。系统构成如图 6-31 所示。

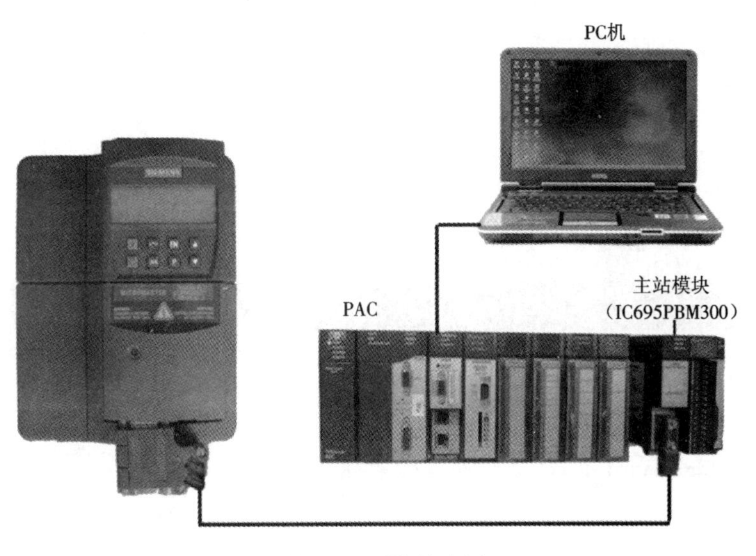

图 6-31　系统构成图

6.9.2　创建工程

工程创建步骤略。

6.9.3　硬件组态

工程添加控制对象“Target1”,图 6-31 中的 PAC 与之相对应。在“Target1”中添加 PBM

(IC695PBM300)模块和数字量输入模块(IC694ACC300),添加过程略。

(1)右键单击工程目录树中“Slot 10 (IC695PBM300)”模块,在弹出的菜单中选择“Add Slave”命令,打开“Slave Catalog”对话框。

(2)单击“Have Disk”添加第三方设备的 GSD 文件。找到西门子 MM440 的后缀名为“. GSD”的文件并添加,如果没有文件可从西门子官网下载。图 6-32 为添加 GSD 文件后的三方设备,选择“MICROMASTER 4 (SW: B07/08 HW:V1 _0)”项,单击“OK”按钮返回。

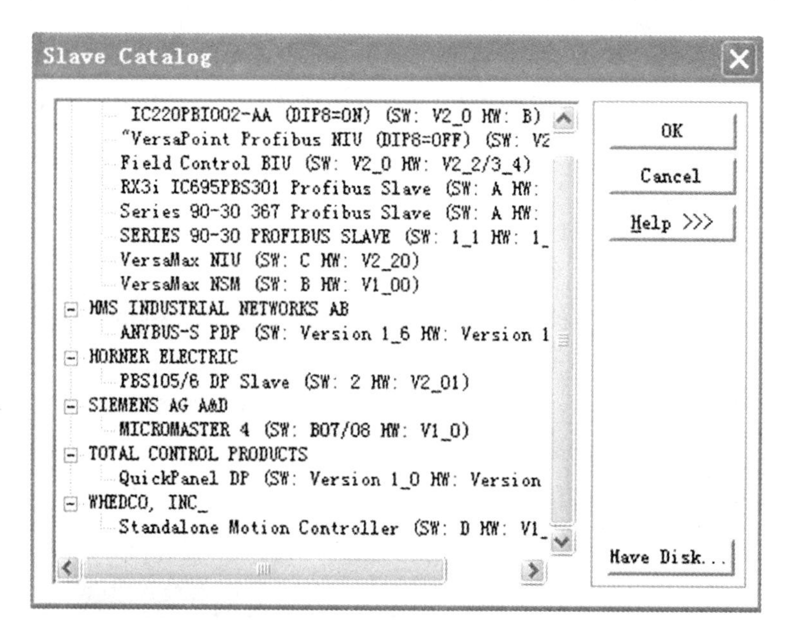

图 6-32　GSD 文件选择

(3)打开“Station 1”对话框对从站参数信息框进行设置。选择“General”选项卡设置站号(如设置为“3”),如图 6-33 所示。

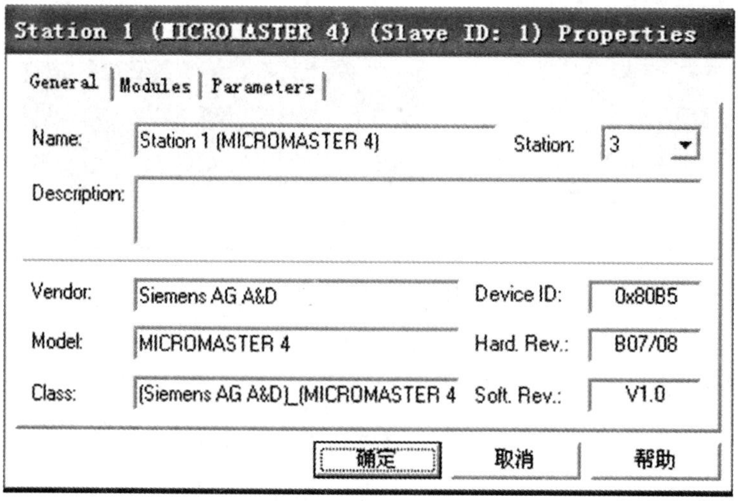

图 6-33　站号设置

(4)选择“Modules”选项卡添加从站模块类型,单击“Add”按钮打开模块类型对话框进行添加,如图6-34所示。

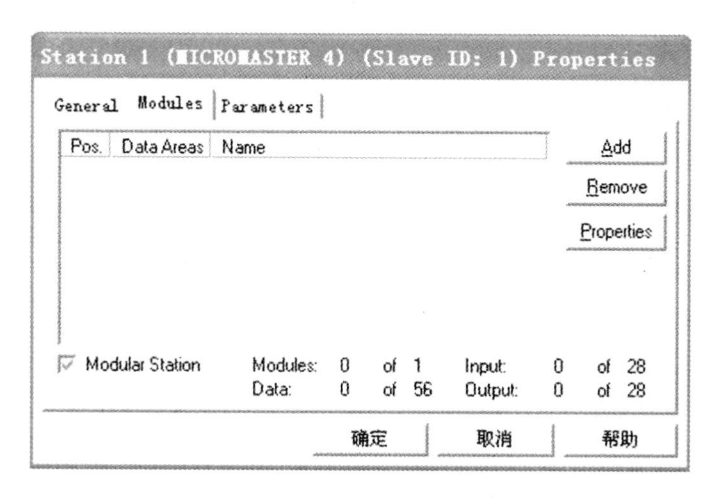

图6-34　添加从站模块类型

(5)在模块类型对话框中选择“0 PKW,2 PZD (PPO 3)”项,单击“OK”按钮退出,如图6-35所示。

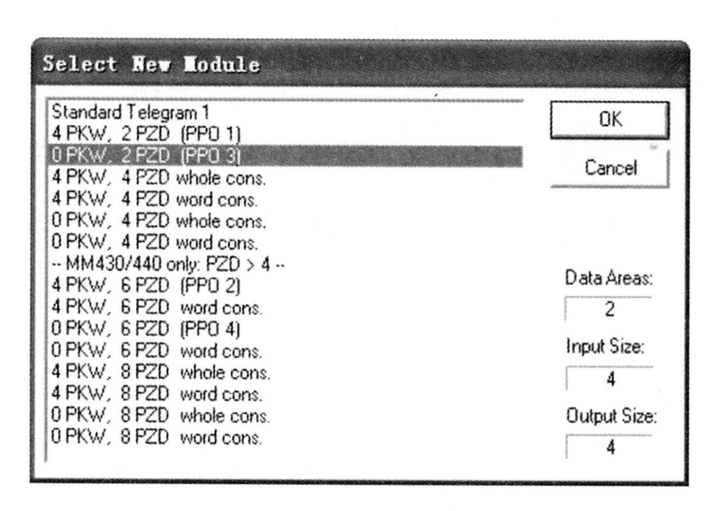

图6-35　模块类型对话框

(6)变频器作为从站配置完成后如图6-36所示。

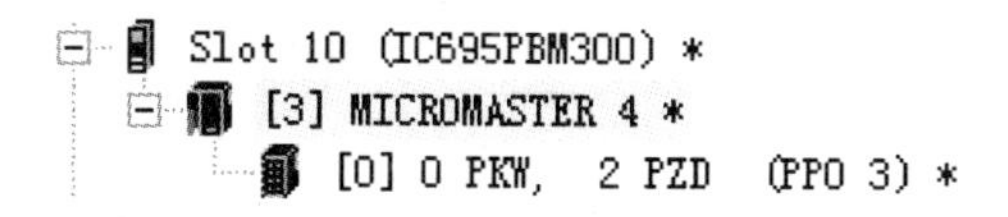

图6-36　变频器配置为从站

(7)单击图6-36中的“Slot 10”项下的“[3]MICROMASTER 4”项,查看变频器的相关地址,如图6-37所示。

Data Areas

Area	Type	Ref Address	Length	Swap Bytes
1	None	%I00001	0	False
2	Analog In	%AI00013	2	False
2	Analog Out	%AQ00009	2	False

图 6-37　变频器的地址

6.9.4　下载调试

程序下载之前,先使用面板(BOP)控制变频器调试电机保证工作正常。

1. 变频器快速调试

利用操作面板的按钮可直接设置参数,实现电机正转、反转控制。

(1)按 P 按钮访问参数,显示出“r0000”。

(2)按 ▲ 按钮直到显示出“P0700”。

(3)按 P 按钮显示当前的设定值,再按 ▲ 按钮或 ▼ 按钮选择运行所需要的值,使显示的结果为“1”。

(4)按照上述步骤,把 P1000 设为“1”。

(5)按变频器面板上 I 按钮使变频器正向运行,监测运行频率及电机转速。

(6)按变频器面板上 ⟳ 按钮使变频器反向运行,监测运行频率及电机转速。

(7)按下变频器面板上 O 按钮给出停机指令。

进行快速调试时应将 P0010 设置为“1”,并设置 P0003 来改变用户访问级,分为 4 个等级,最后将 P3900 设为“1”,完成必要的电机参数计算,并使其他所有的参数恢复为工厂设置。快速设置参数见表 6-5。

表 6-5　MM440 快速参数设置表

P0003	参数	内容	缺省值	设定值	说明
1	P0100	使用地区	0	0	功率单位为 kW 频率缺省值为 50 Hz
3	P0205	应用领域	0	0	恒转矩
2	P0300	电机类型	1	1	异步电机
1	P0304	额定电压	230	400	额定电压为 400 V
1	P0305	额定电流	3. 25	1. 93	额定电流为 1. 93 A
1	P0307	额定功率	0. 75	0. 75	额定功率为 0. 75 kW
2	P0308	额定因数	0. 00	0. 80	功率因数为 0. 80
2	P0310	额定频率	50. 00	50. 00	额定频率为 50. 00 Hz
1	P0311	额定速度	0	1 395	额定转速为 1 395 r/min

续表

P0003	参数	内容	缺省值	设定值	说明
2	P0335	冷却方式	0	0	自冷
2	P0640	过载因子	150	150	电机过载电流限幅值为额定电流的 150%
1	P0700	命令源	2	6	COM 链路的通信板(CB)设定
1	P1000	频率设定选择	2	6	通过 COM 链路的 CB 设定
1	P1080	最小频率	0.00	0.00	允许最低的电机频率
1	P1082	最大频率	50.00	50.00	允许最高的电机频率
1	P1120	斜坡上升时间	10.0	10.0	电机从静止状态加速到最高频率所用的时间
1	P1121	斜坡下降时间	10.0	10.0	电机从最高频率减速到静止状态所用的时间
2	P1135	OFF 斜坡下降时间	5.0	5.0	参数发出 OFF3 命令后,电机从最高频率减速到静止状态所用的时间
2	P1300	电机控制方式	0	0	线性特性的 V/f 控制
2	P1500	转矩设定值	0	0	无主设定值
2	P1910	自动检测方式	0	0	禁止自动检测方式

为了使电机与变频器相匹配,需要设置电机参数。例如,选用型号为 DJ24 电机(交流笼型电机:$P_N = 180$ W,$U_N = 380$ V,$I_N = 0.66/1.14$ A,$N = 1\ 430$ r/min,$f_N = 50$ Hz),参数设置见表 6-6。

表 6-6　变频器与电机有关参数设置表

参数号	出厂值	设定值	说明
P0003	1	1	用户访问级为标准级
P0010	0	1	快速调试
P0100	0	0	使用地区:欧洲 50 Hz
P0304	230	380	电机额定电压/V
P0305	3.25	1.05	电机额定电流/A
P0307	0.75	0.18	电机额定功率/kW
P0310	50	50	电机额定频率/Hz
P0311	0	1 400	电机额定转速/(r/min)

2. 变频器通信参数设置

与通信配置相关参数设置见表 6-7,参数由 P0003 和 P0004 过滤。

表 6-7　变频器通信参数设置表

P0003/P0004	参数	内容	缺省值	设定值	说明
2/20	P0918	PROFIBUS 地址	3	3	站地址为 3
2/20	P0927	参数修改设定	15	15	使能 DP 接口更改参数

3. 硬件下载

“Target1”的编译、下载略。

4. 数据监控状态表

(1)数据监控表“Address”一栏中输入总线通信时发送和接收用到的地址“%AI0013”“%AI0014”“%AQ0009”“%AQ0010”,如图 6-38 所示。“%AI0013”的数据有变化,说明 PAC 已经能接收到变频器发送的数据,变频器和 PAC 通信正常。

%AI0013			Address
+0	+0	-1096	%AI0013
+0	+0	+0	%AI0014
+0	+0	+0	%AQ0009
+0	+0	+0	%AQ0010

图 6-38　数据监控表

(2)修改数据显示格式为“Hex”(十六进制)模式。右键单击地址“%AI0013”对应的数据栏。在弹出的菜单中,选择“Display Format”→“Hex”命令,如图 6-39 所示。同理“%AI0014”“%AQ0009”“%AQ0010”地址对应的数据也都改为十六进制显示。

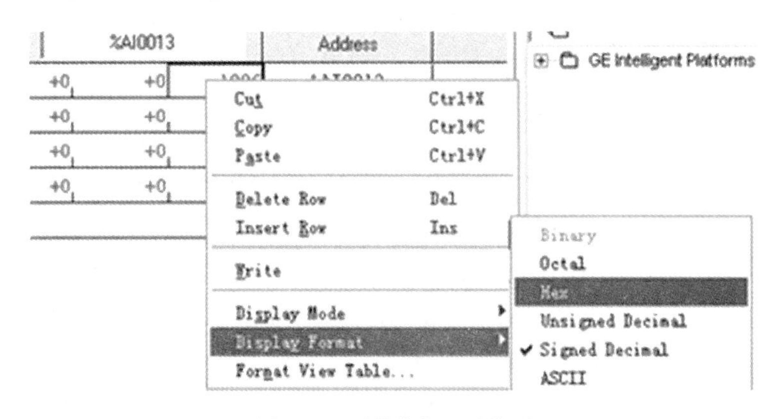

图 6-39　更换数据显示格示

(3)在“%AQ0009”对应的位置输入“047F”,在“%AQ0010”所在的位置输入“3333”,如图 6-40 所示。“%AI0013”“%AI0014”有数据且变频器显示 40.00 Hz 频率,如图 6-41 所示。

16#FB34	%AI0013
16#3332	%AI0014
16#047F	%AQ0009
16#3333	%AQ0010

图 6-40　数据监控图

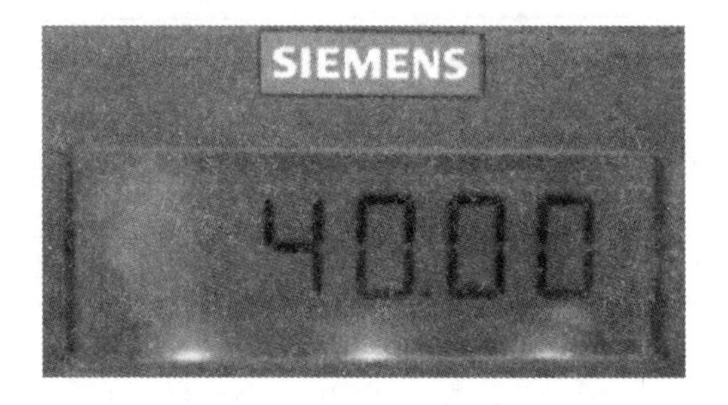

图 6-41　变频器 LCD 显示屏

小知识　PROFIBUS 专用电缆由总线连接器和 PROFIBUS DP 总线组成。

(1)总线连接器,如图 6-42 所示。

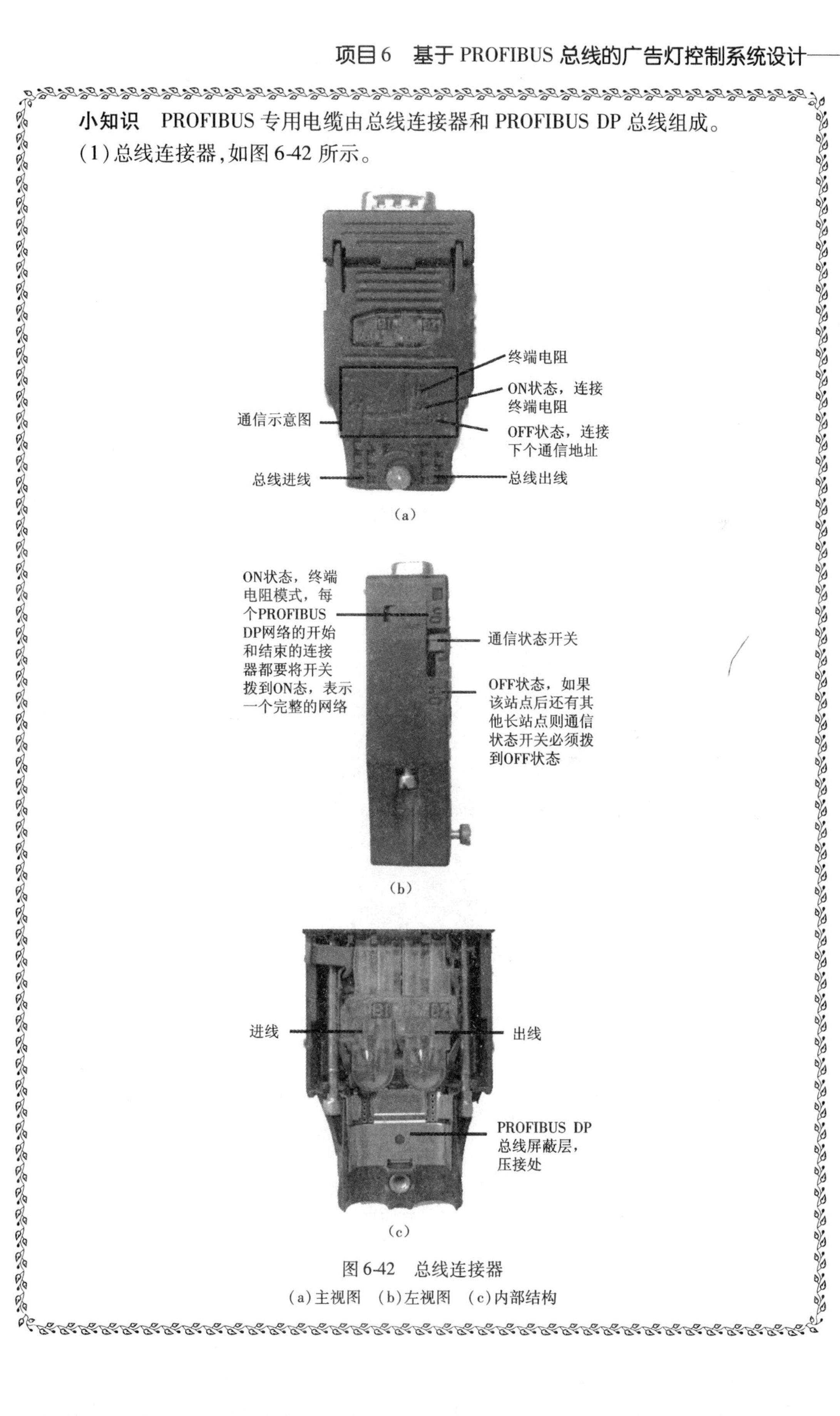

(a)

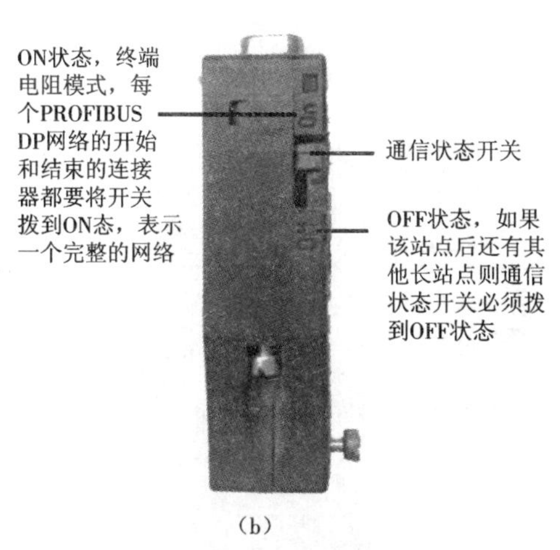

(b)

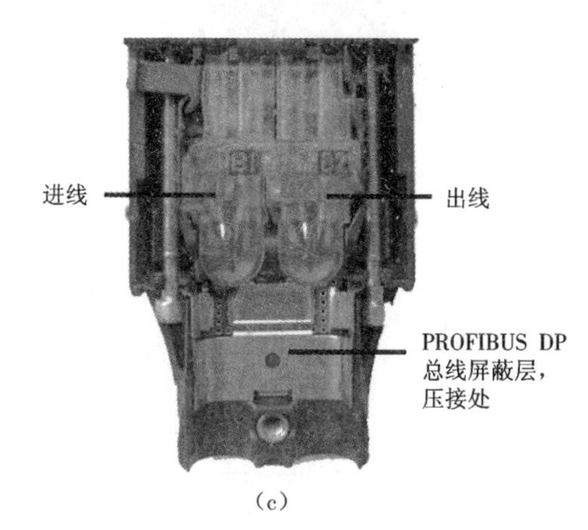

(c)

图 6-42　总线连接器

(a)主视图　(b)左视图　(c)内部结构

(2)PROFIBUS DP 总线专用电缆的结构如图 6-43 所示。

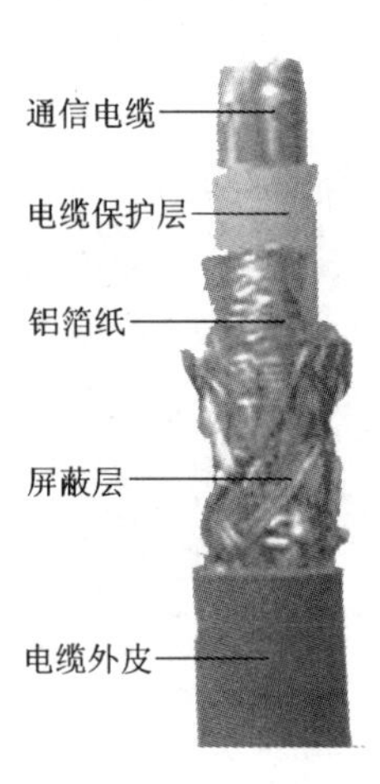

图 6-43　总线解剖图

(3)正确的接线方法要注意剥线的长度,屏蔽层一定要压接在接头的金属区域,如图 6-44 所示。

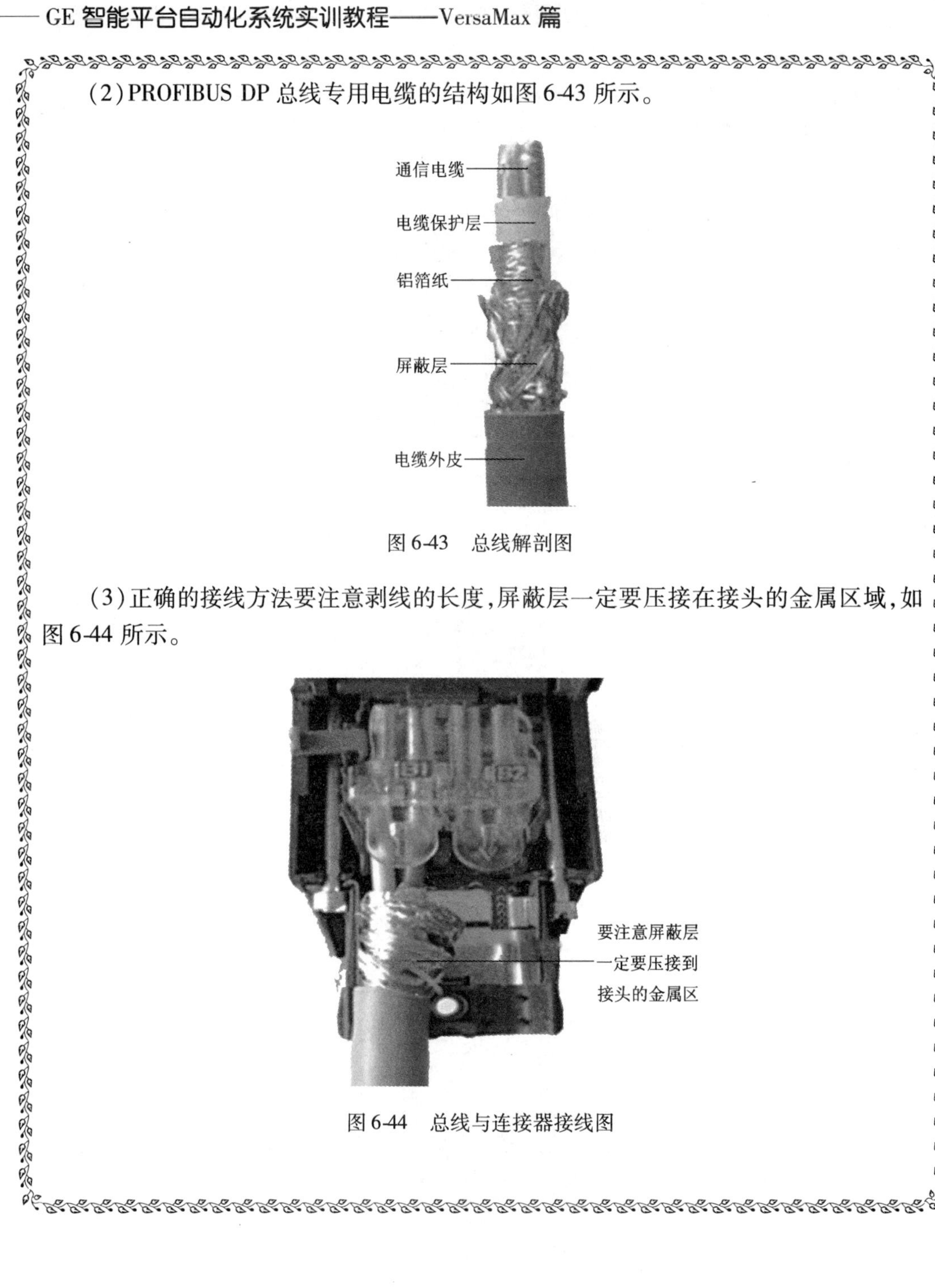

图 6-44　总线与连接器接线图

(4)PROFIBUS DP 总线数据接头,如图 6-45 所示。

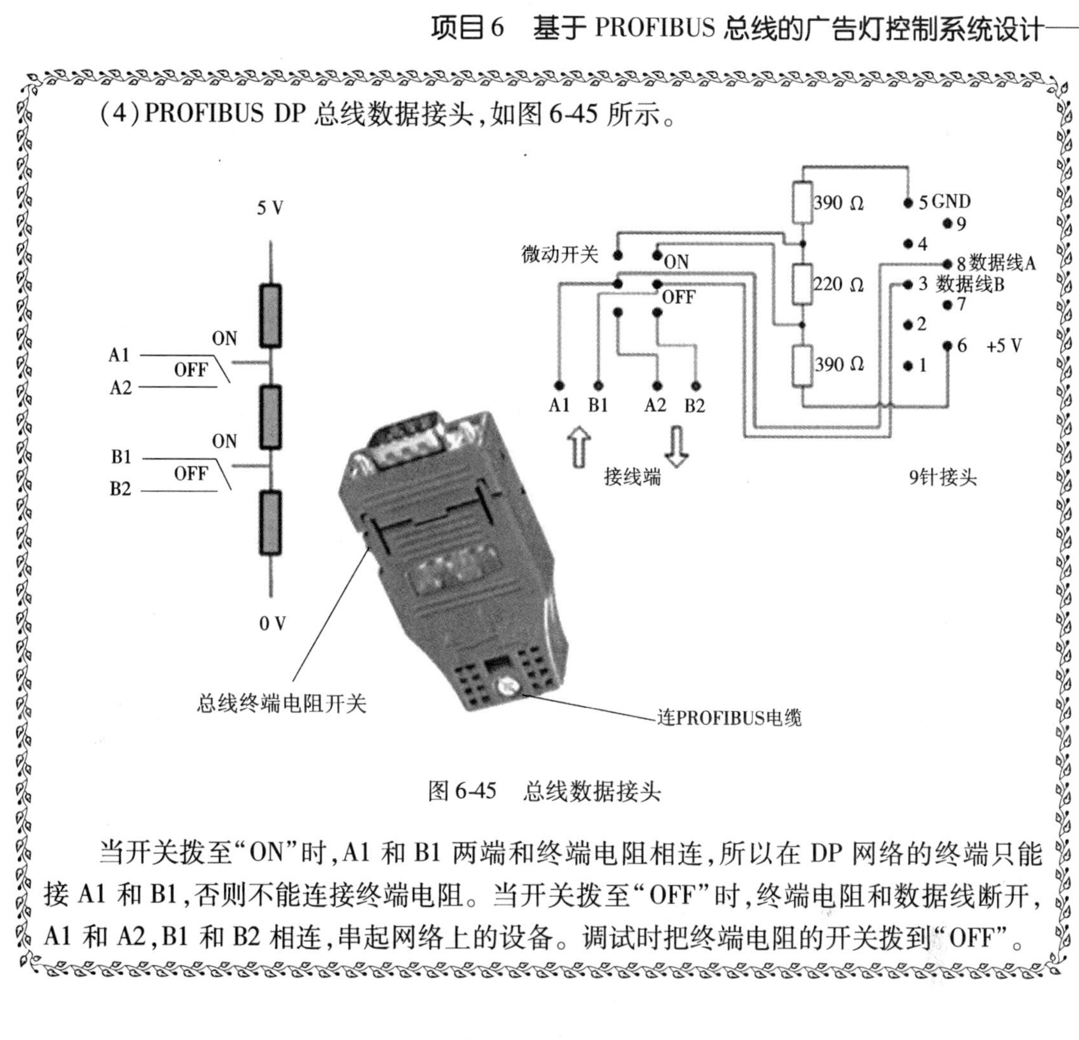

图 6-45　总线数据接头

当开关拨至“ON”时,A1 和 B1 两端和终端电阻相连,所以在 DP 网络的终端只能接 A1 和 B1,否则不能连接终端电阻。当开关拨至“OFF”时,终端电阻和数据线断开,A1 和 A2,B1 和 B2 相连,串起网络上的设备。调试时把终端电阻的开关拨到“OFF”。

项目7 基于DeviceNet总线的工作台往返控制系统设计

7.1 控制原理

某工作台自动往返行程控制示意图如图7-1所示。工作台由异步电机拖动，电机正转时工作台前进，前进到A处碰到位置开关SQ1，电机反转，工作台后退；后退到B处压SQ2，电机正转，工作台又前进，到A处又后退，如此自动循环，实现工作台在A、B两处自动往返；SQ3、SQ4是限位开关防止冲撞。控制部分由PACSystems™ RX3i系统和基于DeviceNet总线的VersaMax远程I/O组成。系统框图如图7-2所示。

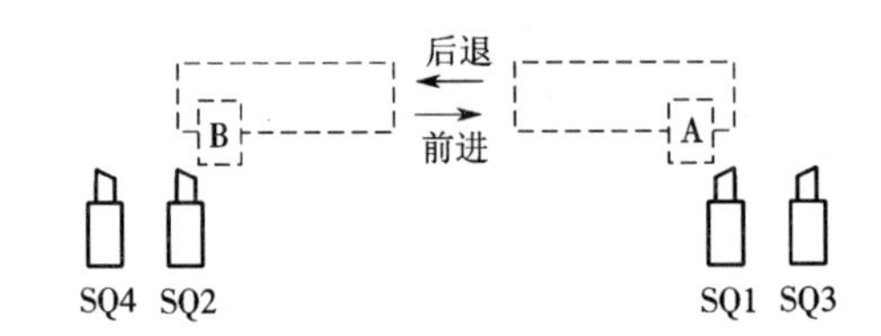

图7-1 自动往返行程控制示意图

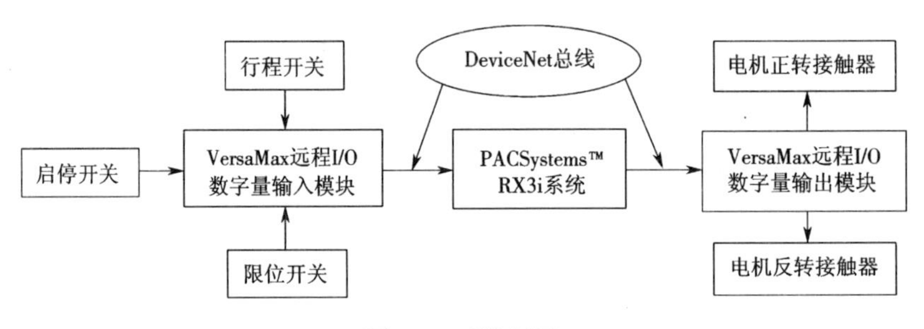

图7-2 系统框图

7.2 硬件设计

7.2.1 系统构成

系统由PACSystems™ RX3i系统和基于DeviceNet总线的VersaMax远程I/O等组成，硬件连线如图7-3所示。

1. IC694DNM200模块

DeviceNet总线模块IC694DNM200安装在PACSystems™ RX3i系统背板插槽上，负责与远程I/O模块建立通信、传递数据。模块接线端口如图7-3所示，连接器指针含义见表7-1。连接器“V_+”与“V_-”之间接24 V电源，“CAN_H”与“CAN_L”之间接120 Ω电阻。

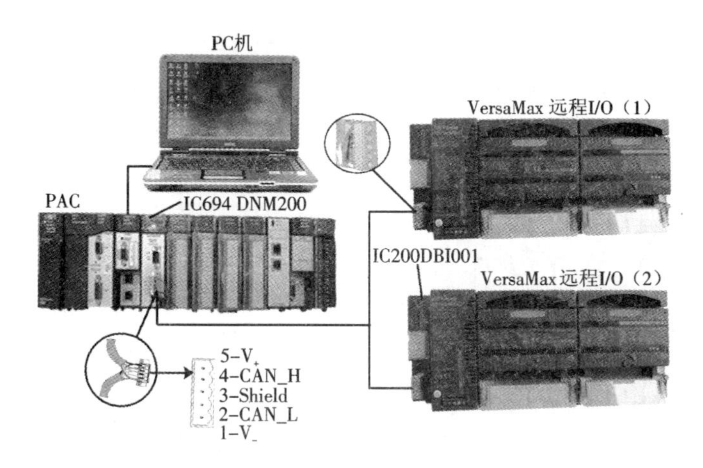

图 7-3　系统构成

表 7-1　指针含义

针脚号	信号定义	信号线颜色
1	V_-	黑色
2	CAN _ L	蓝色
3	Shield	裸线
4	CAN _ H	白色
5	V_+	红色

2. VersaMax 远程 I/O

VersaMax 远程 I/O 集成如图 7-3 所示。从左到右依次是 NIU 模块（IC200DBI001）、电源模块（IC200PWR002D）、数字量输入模块（IC200MDL640）、数字量输出模块（IC200MDL740）。IC200DBI001 模块承担 DeviceNet NIU 职能，连接 PACSystems™ RX3i 系统与 VersaMax I/O 模块。IC200DBI001 模块集成有 DeviceNet I/O Controller，支持热拔、自诊断等功能。打开 IC200DBI001 模块的透明保护盖，使用 2.38 mm(3/32 in)一字改锥调整旋转开关的位置可以设置波特率和节点地址。"DATA RATE"开关设置波特率，"0"代表 125 K、"1"代表 250 K、"2"代表 500 K；"X10"和"X1"开关用来设置节点地址的十位数和个位数，范围为 0 ~ 63，如节点地址为"2"时，"X10"设置为"0"，"X1"开关设置为"2"。

注意观察，电路连通后 IC694DNM200 模块上"NET STATUS"指示灯亮，DBI001 模块上"NET"指示灯亮，否则电路没有接通。

7.2.2　I/O 接线图

I/O 接线如图 7-4 所示。

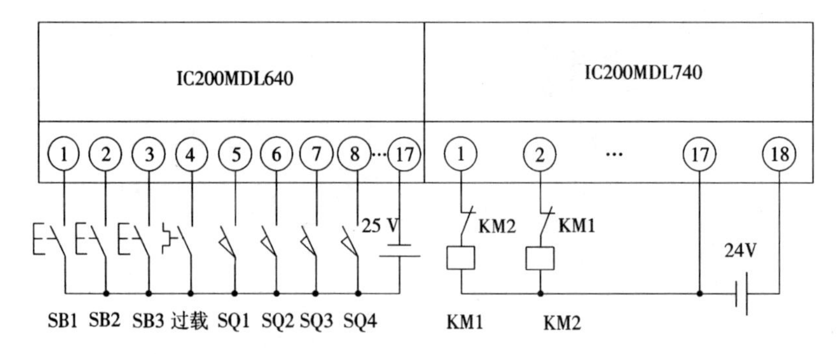

图 7-4　系统 I/O 接线图

7.3　创建工程

工程创建步骤略。

IP 地址分配见表 7-2。

表 7-2　IP 地址分配

设备名称	IP 地址
PC 机	192. 168. 1. 3
PAC(PACSystems™ RX3i 系统)	192. 168. 1. 4

7.4　硬件组态

(1)工程添加控制对象“Target1”,图 7-3 中的 PAC 与之相对应。展开“Hardware Configuration”和“Rack”树节点。

(2)电源模块、CPU 模块和以太网模块等配置略。添加“IC694DNM200”模块,如图 7-5 所示。在“Bus Controller”选项卡里选择“IC694DNM200”项,单击“OK”按钮确认。

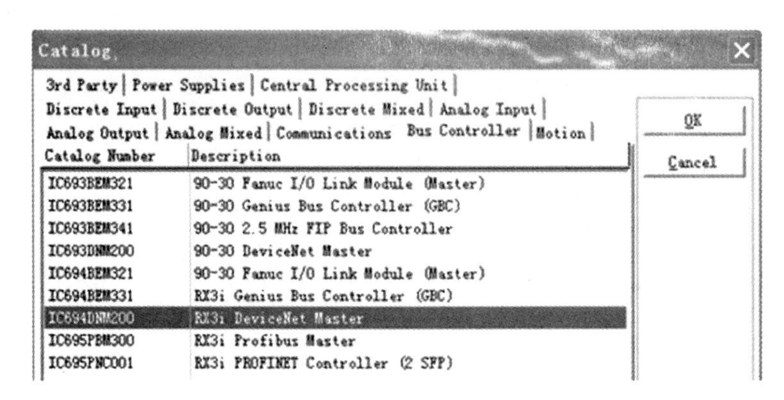

图 7-5　“Catalog”对话框

(3)在展开的“Hardware Configuration”菜单中的“Rack 0”下,右键单击工程目录树中“Slot 4”项,在弹出的菜单中选择“Add Slave”命令。

(4)在“Slave Catalog”对话框中选择“DeviceNet NIU (Major:1 Minor:100)01”项,单击“OK”按钮确认,如图 7-6 所示。

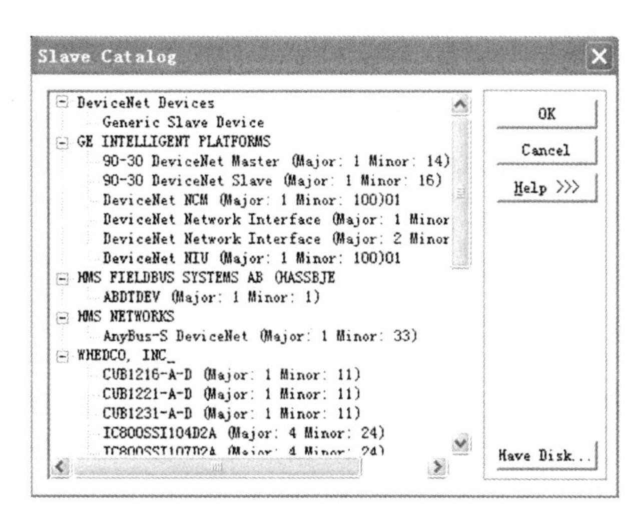

图 7-6　“Slave Catalog”对话框

(5)“DeviceNet NIU”对话框中,“General”选项卡下根据模块节点地址开关设置情况进行“Mac ID”内容的设置。如 IC200DBI001 模块的节点地址开关设为“02”,“Mac ID”的内容也要选择“2”,如图 7-7 所示。

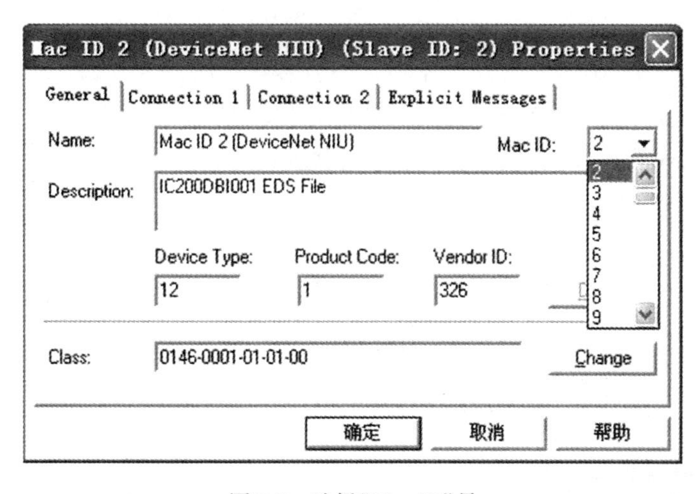

图 7-7　选择“Mac ID”号

(6)在“Connection 1”选项卡下“Input”选项框中“Size”项输入“4”(2 个报头字节 + 数字量输入模块的两个字节)、“Connection”项选择“Custom”;“Output”选项框中“Size”项输入“4”(2 个报头字节 + 数字量输出模块的两个字节)、“Connection”项选择“Custom”。设置完后单击“确定”按钮返回,如图 7-8 所示。

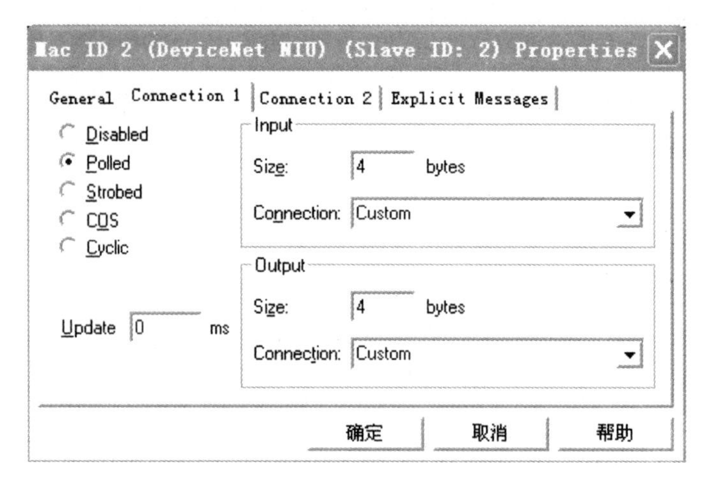

图 7-8　Mac ID 参数设置

(7)展开“Slot 4”,双击“[2]DeviceNet NIU”项打开信息框设置 NIU 参数,如图 7-9 所示。

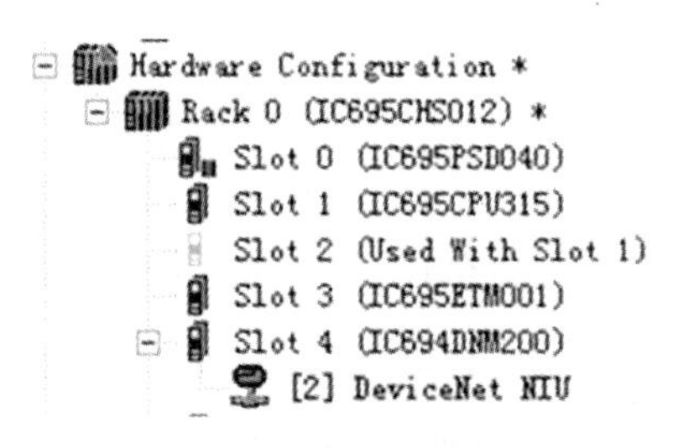

图 7-9　选择“DeviceNet NIU”

(8)参数设置,报头占 2 个字节,所以“Offset”(偏移地址)由“0”改成“2”;数字量输入模块(IC200MDL640)“16 BIT”,所以“Length”(数据长度)由“32”修订为“16”;数字量输出模块(IC200MDL740)的设置同理,如图 7-10 所示。

Offset	Ref Address	Length
2	%I00145	16
2	%Q00001	16
0	%I00001	0

图 7-10　输入、输出数据的地址和长度

7.5　I/O 地址分配

7.5.1　模块地址分配

数字量输入、输出模块地址如图 7-10 所示。

7.5.2　I/O 地址分配

I/O 地址分配见表 7-3。

表 7-3　I/O 地址分配表

输入			输出		
I/O 名称	I/O 地址	功能说明	I/O 名称	I/O 地址	功能说明
I145	%I00145	SB1 前进	Q1	%Q00001	电机正转
I146	%I00146	SB2 后退	Q2	%Q00002	电机反转
I147	%I00147	SB3 停止			
I148	%I00148	过载			
I149	%I00149	A 位置开关 SQ1			
I150	%I00150	A 限位开关 SQ3			
I151	%I00151	B 位置开关 SQ2			
I152	%I00152	B 限位开关 SQ4			

7.6　软件设计

工作台自动往返行程梯形图程序如图 7-11 所示。

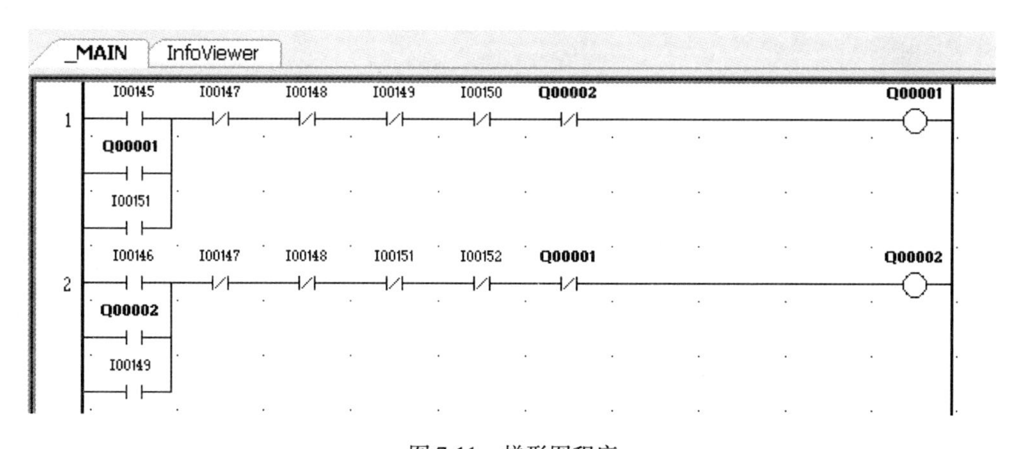

图 7-11　梯形图程序

7.7　下载调试

下载调试步骤略。

7.8　任务拓展

本任务的具体要求是一个主站模块 IC694DNM200 控制两个 VersaMax 远程 I/O。

DeviceNet 网络的主站与从站一对一通信时，数据接头两端各接有一个 120 Ω 的终端电阻。而主站与多个从站组网通信时，就需要去掉主站数据连接器上的终端电阻。

7.8.1 硬件组态

按照 7.3 节的步骤(3) ~ (8)添加第二个从站，效果如图 7-12 所示，站号为 1 ~ 63 可以任意设置，如设为“3”，对应 IC200DBI001 模块上的节点地址开关也要设置。

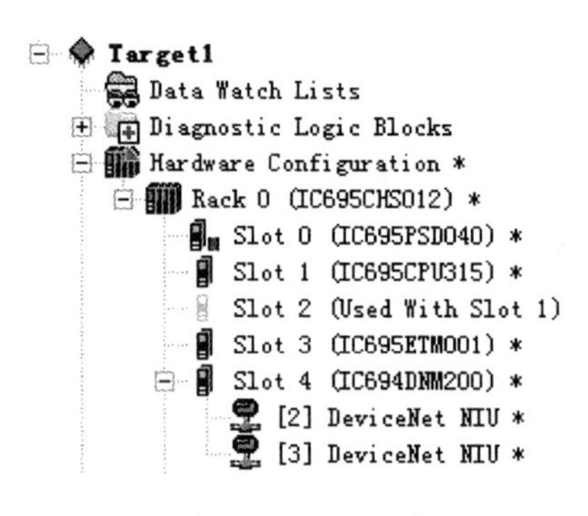

图 7-12　NIU 列表

7.8.2 下载调试

下载、调试过程略。

项目 8　基于 Micro PLC 的小车运行控制系统设计

8.1　控制原理

某运料小车 3 点自动往返控制示意图和流程图如图 8-1 所示。系统复位后按下启动按钮 SB1，电机 M 正转，小车前进；碰到限位开关 SQ1，电机反转，小车后退；小车后退碰到限位开关 SQ2 后停 5 s；随后电机 M 正转小车前进，碰到限位开关 SQ3 后停 5 s，再后退；当后退再次碰到限位开关 SQ2 时小车停止。这样一个运动流程结束。延时 5 s 后小车重复上述运动轨迹。按下停止按钮 SB2 小车停车。系统选用 VersaMax Micro PLC 控制器作为核心控制单元。系统框图如图 8-2 所示。

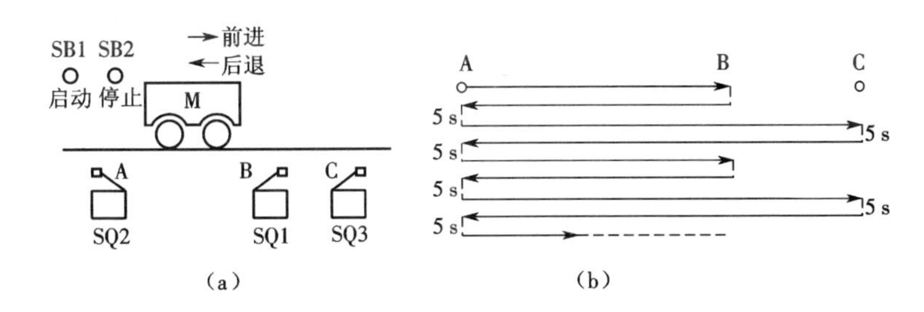

图 8-1　系统装置示意图及运动轨迹图
(a)装置示意图　(b)运动轨迹图

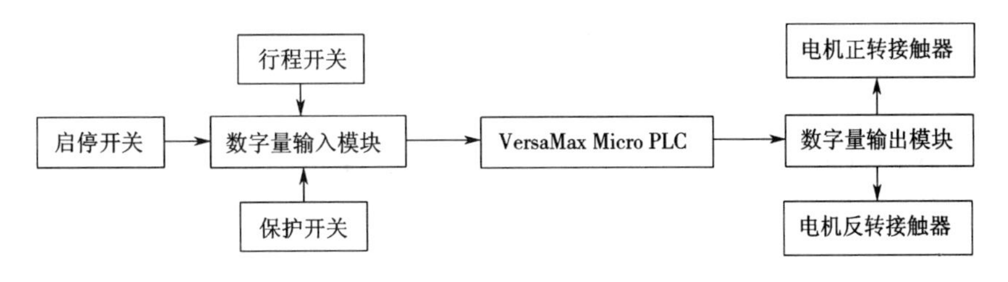

图 8-2　系统框图

8.2　硬件设计

VersaMax PLC 产品家族包含一个小尺寸、大功用的可编程控制器 NanoPLC(10 点左右)和 Micro PLC(使用扩展单元可扩展至 176 点)。模块化的 Micro PLC 提供了良好的性能及灵活性，可适应诸如食品加工、化工、包装、水处理和废水处理、建材和塑料工业等行业的应用要求。这些控制器提供强大的编程功能，如集成高速计数器、支持浮点数运算、子程序功能、设置密码和控制优先级等。

(1)Micro PLC Controller 安装在标准 DIN 导轨上,型号为 IC200UDR120,如图 8-3 所示。

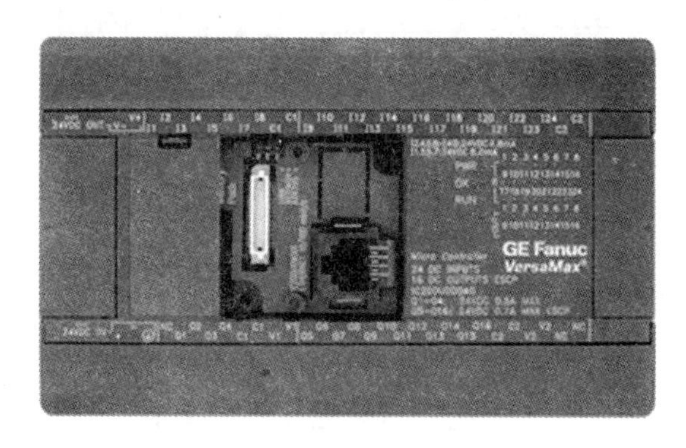

图 8-3　IC200UDR120 外观图

(2)IC200UDR120 各部分接口功能及作用如图 8-4 所示。

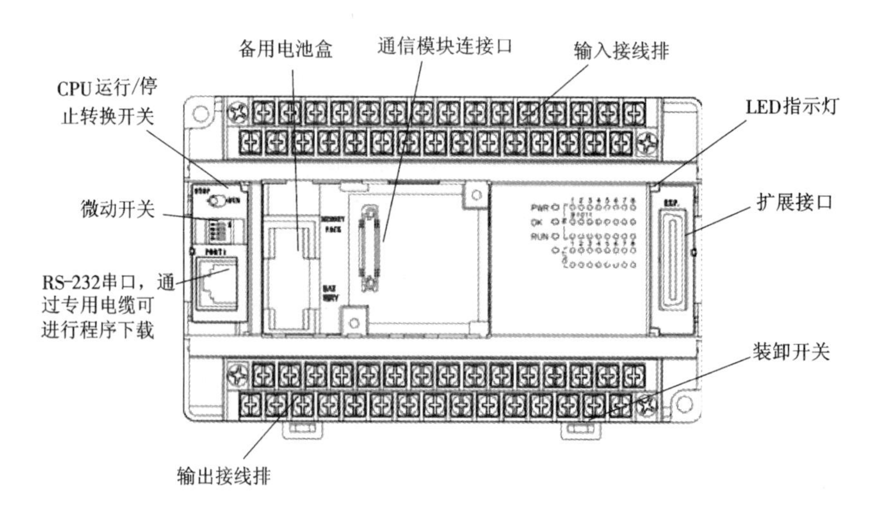

图 8-4　IC200UDR120 接口功能及作用

(3)IC200UDR120 指示灯布局如图 8-5 所示,含义参见表 8-1。

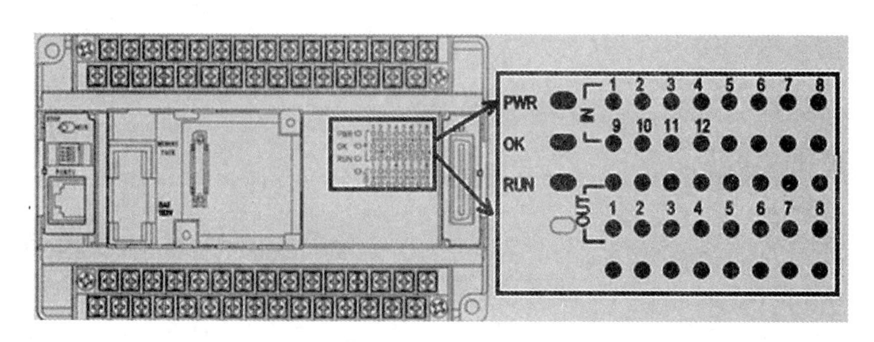

图 8-5　LED 指示灯布局

表 8-1　LED 指示灯含义

指示灯名称	状态	说明
PWR	绿色	模块电源正常
OK	绿色闪烁	发生初始化错误
	绿色	初始化正常
RUN	OFF	CPU 处于停止状态
	绿色	CPU 处于运行状态
IN (1～12)	OFF	1(1～12)点没有数字量输入
	绿色	1(1～12)点有数字量输入
OUT (1～8)	OFF	1(1～8)点没有数字量输出
	绿色	1(1～8)点有数字量输出

(4)IC200UDR120 仅有 RS－232 通信串口还不能满足通信需要，例如 HMI 作为输入设备时就需要有以太网通信端口。IC200UDR120 配置有以太网通信模块 IC200UEM001，如图 8-6 所示。

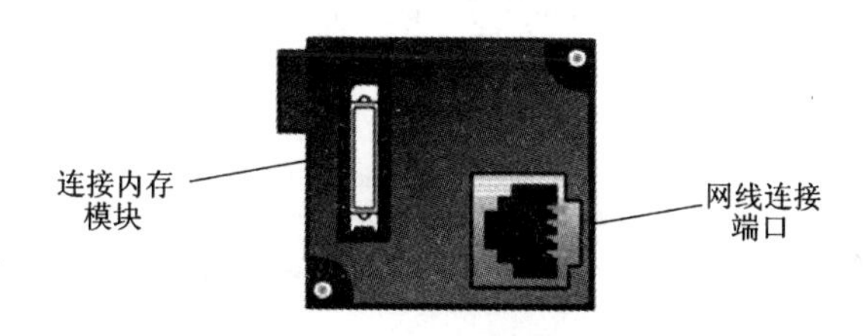

图 8-6　以太网通信模块

(5)IC200UDR120 提供 12 个直流输入、8 个继电器输出，接线示意如图 8-7 所示。

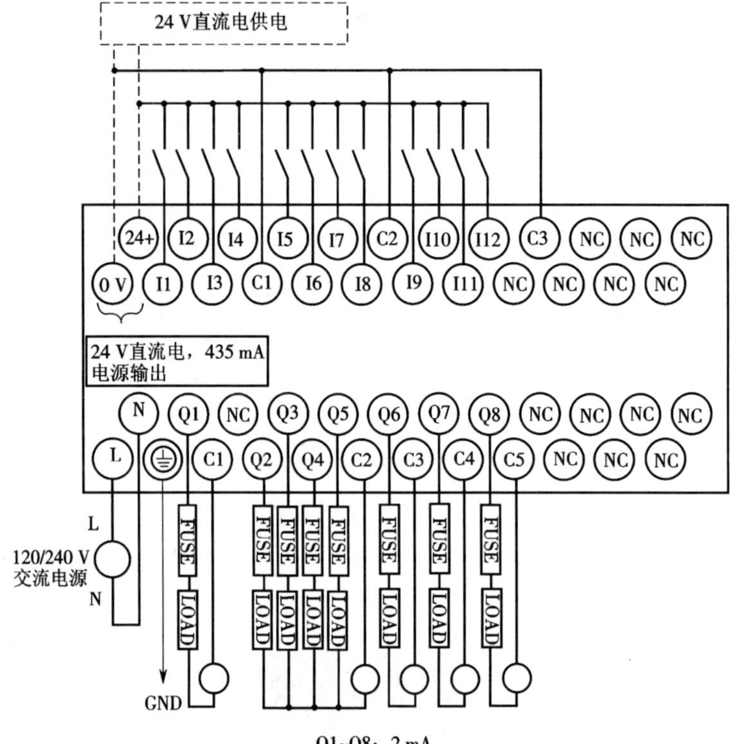

图 8-7 IC200UDR120 接线示意图

8.3 I/O 接线图

I/O 接线如图 8-8 所示。

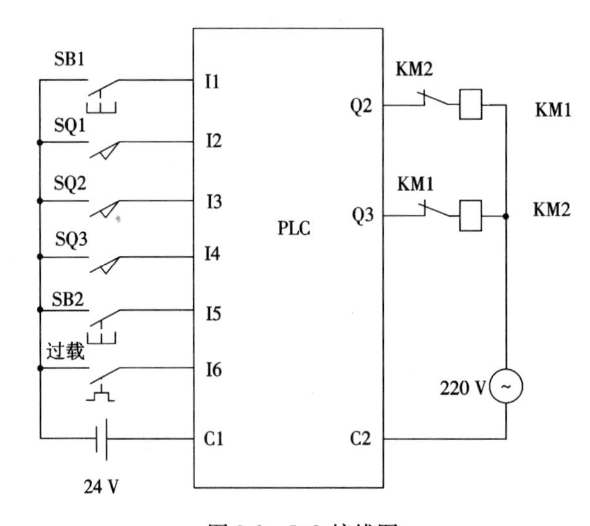

图 8-8 I/O 接线图

8.4　创建工程

(1)工程创建步骤略。

(2)选择“VersaMax Nano/Micro PLC”添加为控制对象“Target1”,如图 8-9 所示。

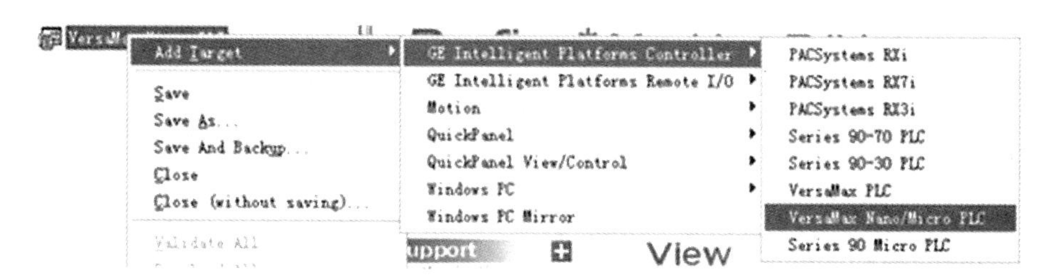

图 8-9　选择控制对象

8.5　硬件组态

(1)组态 CPU 模块。在展开的“Hardware Configuration”目录“Main Rack”下右键单击“CPU”项,在弹出的菜单中选择“Replace Module”命令,打开“Module Catalog”对话框,如图 8-10 所示。

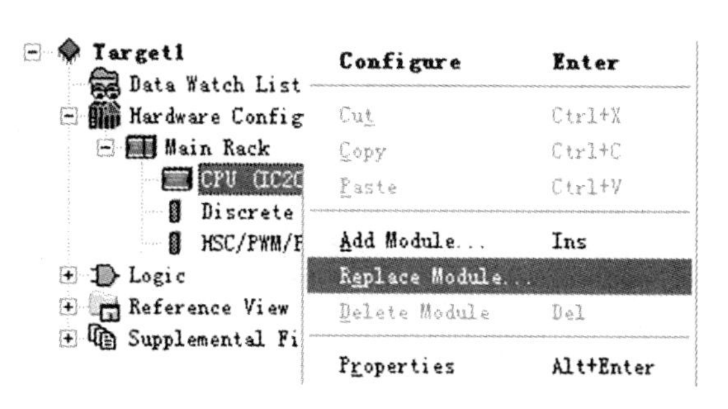

图 8-10　选择“Replace Module”命令

(2)在“Module Catalog”对话框中,选择“IC200UDR020/120”项,单击“OK”按钮确认,如图8-11所示。

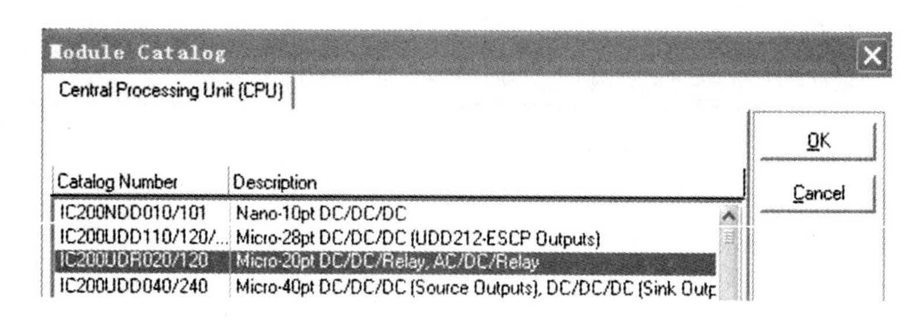

图 8-11　选择 CPU 模块

8.6 IP 地址设置

PC 机 IP 地址设置和 ETHERNET 通信模块的 IP 地址设置同项目 3。

8.7 I/O 地址分配

8.7.1 模块地址分配

在展开的"Hardware Configuration"目录"Main Rack"下,双击"Discrete I/O"项,查看数字量输入和输出地址,起始地址分别为"%I00001"和"%Q00001",如图 8-12 所示。

InfoViewer　(0.0) DISCRETE20

Discrete I/O Settings

Parameters	Values
Reference Address:	%I00001
Length:	12
Reference Address:	%Q00001
Length:	8

图 8-12　查看数字量地址

8.7.2 I/O 地址分配

I/O 地址分配见表 8-2。

表 8-2　I/O 地址分配表

输入			输出		
I/O 名称	I/O 地址	功能说明	I/O 名称	I/O 地址	功能说明
I1	%I00001	启动 SB1	Q2	%Q00001	电机正转
I2	%I00002	B 位置限位开关 SQ1	Q3	%Q00002	电机反转
I3	%I00003	A 位置限位开关 SQ2			
I4	%I00004	C 位置限位开关 SQ3			
I5	%I00005	停止 SB2			
I6	%I00006	热继电器保护触点 FR			

8.8 软件设计

梯形图程序如图 8-13 所示。

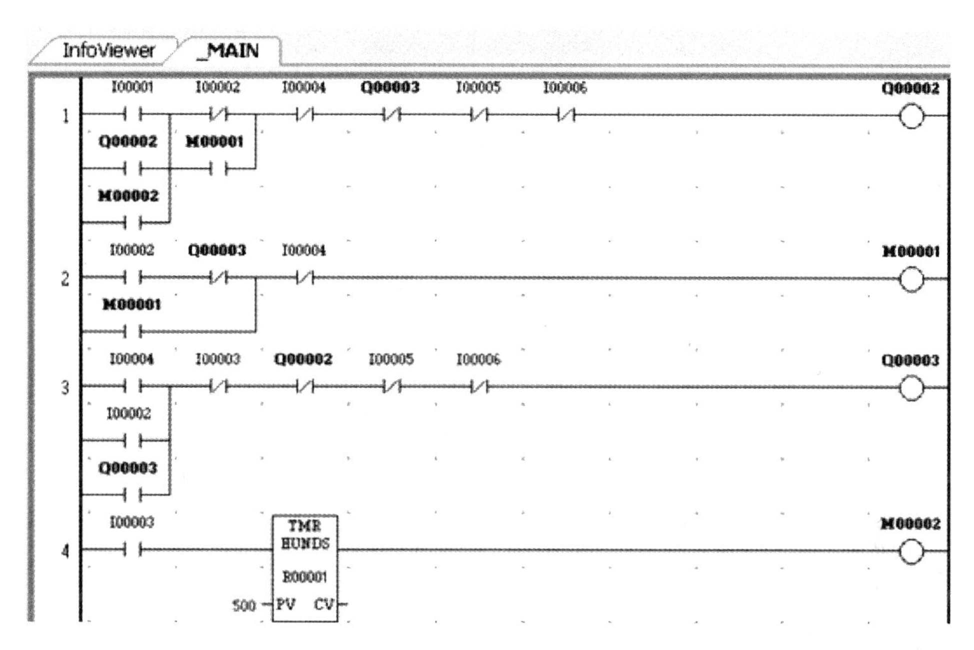

图 8-13　梯形图程序

8.9　下载调试

1. 串口下载

(1)RJ－45 转 RS－232 串口下载线(型号:IC200CBL500A)如图 8-14 所示。9 针头接 PC 机,RJ－45 头接 IC200UDR120 的 RS－232 串口。

图 8-14　RJ－45 转 RS－232 串口线

(2)右键单击控制对象“Target1”,在弹出的菜单中选择“Properties”命令,打开“Inspector”对话框,在“Physical Port”项下拉菜单中选择通信端口方式,如选择“COM3”,如图 8-15 所示。

(3)下载、调试过程同项目 2。

2. 以太网下载

(1)PC 机与 PLC 之间通过并行网线连接,通信连接成功之后,以太网卡绿色“Link”指示灯闪烁。

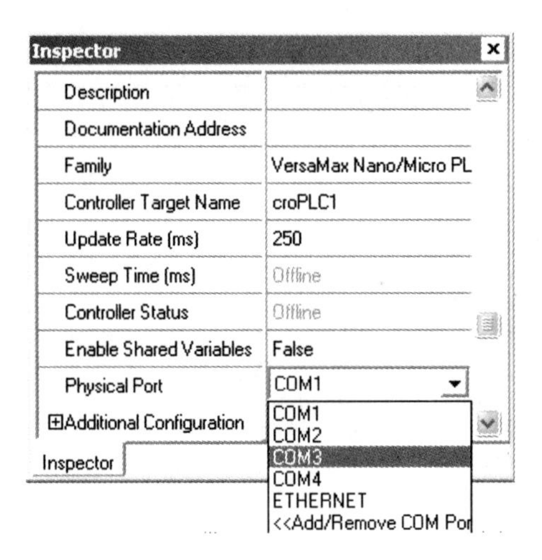

图 8-15　通信端口设置

(2)右键单击工程目录树中控制对象“Target1”,在弹出的菜单中选择“Properties”命令,打开“Inspector”话框,在“Physical Port”项下拉菜单中选择通信端口方式,如选择“ETHERNET”,如图 8-16 所示。

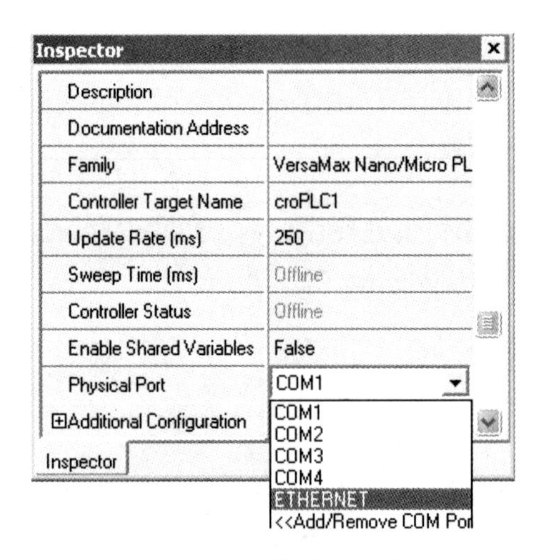

图 8-16　通信端口设置

(3)下载调试过程略。

参考文献

[1] 刘艺柱. GE 智能平台自动化系统实训教程:基础篇[M]. 天津:天津大学出版社,2014.

[2] 郁汉琪,王华. 可编程自动化控制器(PAC)技术及应用:基础篇[M]. 北京:机械工业出版社,2010.

[3] 原菊梅,叶树江. 可编程自动化控制器(PAC)技术及应用:提高篇[M]. 北京:机械工业出版社,2010.

[4] 张桂香. 电气控制与 PLC 应用(GE VersaMax Micro 64)[M]. 北京:化学工业出版社,2013.

[5] 金彦平. 可编程序控制器及应用(三菱)[M]. 北京:机械工业出版社,2010.

[6] 宋爽,周乐挺. 变频技术及应用[M]. 北京:高等教育出版社,2008.

[7] 华满香,刘小春. 电气控制与 PLC 应用 [M]. 2 版. 北京:人民邮电出版社,2009.